JN302856

まちへのラブレター

参加のデザインをめぐる往復書簡

乾久美子・
山崎亮　著

学芸出版社

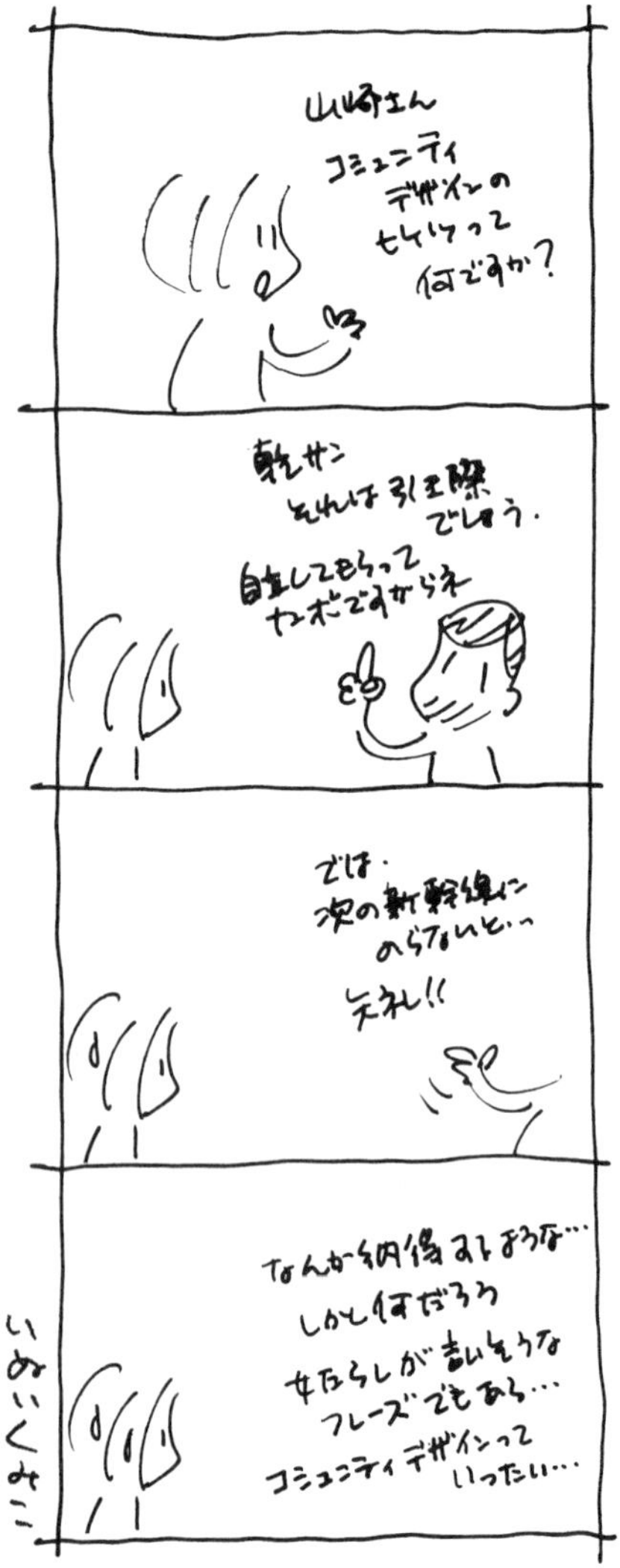
山崎さん
コミュニティデザインのヒケツって何ですか？
乾サン
それは引き際でしょう。
自立してもらってナンボですからネ
では。
次の新幹線にのらないと…
失礼!!
なんか納得するような…
しかし何だろう
女たらしが言いそうなフレーズでもある…
コミュニティデザインっていったい…
いぬいくみこ

ひたすらボールを投げ続けた一年 —— まえがきにかえて

私の前に山崎亮さんが登場したのは数年前のシンポジウムでのこと。「つくらないデザイン」を説く山崎さんの発表を聞きながら「アッ、また口だけの人だ。かたちで責任をもつ必要のない人は何でも言えるからいいよな～」などといつもの調子でとらえてしまい、山崎さんの言おうとしていることを真摯に受け止めようとはしませんでした。どこの業界でもそういうところがあると思いますが、建築設計もなかなかハードで複雑な仕事なので、同業者からの意見は素直に聞くけれど、外部からの意見は「あれは素人だからね」と耳を傾けるのを面倒くさがります。そんな狭量な設計者代表のような私が、二〇一一年二月から宮崎県の延岡市で山崎さんと仕事をご一緒することになってしまいました。

延岡市のプロジェクトはこれまでの多くの駅前再開発がそうだったように区画整理や単体の建築の設計というものではなく、駅を中心とするまち全体の将来像について市民と共に考えていくというもので、もちろん私にとっては初めてのタイプの仕事です。なので依頼を引き受けるにあたり、これまであまり真剣にはふれてこなかったまちづくりや都市再生、市民参加などにかかわる本を改めて読みこみ始めました。建築だけに集中しすぎていた意識を社会問題にシフトしようと努力していたわけですが、そんな折、山崎さんが乾事務所にフラリとやって来て、これまでの studio-L の活動や延岡市ですでに始まっている取り組みについて解説してくださる機会がありました。

パソコンを取り出した山崎さんはのっけからボルテージ最大。しかも一対一の状況下でまくしてられたのだからそれはもうすごい。「ひええっ、この人は確かに口だけだけど、口だけでものすごい量と質のデザインができているではないか！」と驚くと同時に、建築設計の出来不出来にのみ拘泥してきた日々を猛省してしまいました。ただでさえまちづくり系の本をよみ進めながら「建築設計が取り扱っている世界って意外と狭いのかもなあ」と反省し始めていた矢先ですからダブルパンチをくらった感じなのです。そんなわけで、あえなく「建築設計道」から転向せざるをえなくなってしまいました。

ただ転向とはいっても単純に百八十度変わったというわけではありません。「社会問題をデザインで解決する」という言葉が注目されている今日この頃ですが、こと建築に限って言えば「解決」という言葉に飛びつくのは危険です。例えば、戦後の住宅不足の解決のために真摯に取り組みつくりつづけた集合住宅が、時代が変わると手のひらを返したように批判されるという事実を私たちは知っています。解決しなくてはいけない問題のタイムスパンと、建築が存在するタイムスパン。その二つをすりあわせるのが建築ではすごく難しく、それゆえ建築のことを深く考えれば考えるほど社会問題との距離をおきたくなるのです。しかし私たちが暮らす現代日本はいまや課題だらけで、どっしり構えているわけにもいきません。したがって時には建築の知恵を「解決」のために柔軟に使っていくべきだろうと考えるようになりました。それが私なりの「転向」というわけです。

本書での議論は参加型デザインを中心に進んでいますが、私の個人的な興味は、もうすこし広範な建築論にありました。建築をデザインする際には何を目的に据えるべきか。どういうタイムスパンで考えるべきか。これまでのハードウェア中心の建築デザインに対して、つくらないデザインという思想がでてきた場合、両方の可能性と限界を見極めながら使い分ける方法がはたしてあるのかなどについて、山崎さんという両方に精通する希有なまなざしの力を借りながら概観しようとしていたのです。そうすることで、劇的に変化しつつある設計環境に戸惑いを覚えている私のような実務者や、建築教育に携わる人々（教員も学生も）に、広く議論のプラットフォームのようなものを提供できないかと考えたのです。延岡のプロジェクトをご一緒することでボーナスのように得た信頼関係に甘えて無知をさらけだしつつ、あらゆるところからボールを投げて山崎さんの考えを引き出そうとしてみた背景には、そうした意図がありました。

というように、実力に見合わない目標を掲げて走ってきたこの一年、私のほうは結構必死だったのですが、山崎さんは違ったんだろうなあ。

二〇一二年七月三十日
いぬいくみこ

ホレ、手紙、手紙!

もくじ――まちへのラブレター
参加のデザインをめぐる往復書簡

夏の手紙

参加型デザインの成り立ちが知りたい

ランドスケープデザインについての素朴な問い

一信

山崎さま

2011 6.25

延岡駅周辺整備のご縁があってか、これから一年ほどかけて手紙のやりとりをすることになりました。どういう内容になるかわかりませんが、よろしくお願いします。

さて、第一回目を書き始めるという大役を仰せつかってしまいましたが、どういうノリで書いて良いのかわからず、ここ数日うなされておりました(笑)。例えば巨匠同士の往復書簡って盛りあがりますよね。くだけた感じの文章があたかも読者の「私」に語りかけているという気分を引き起こし、心をわしづかみにする効果もありますが、しかし我われは業界のなかではまだまだ若手の部類です。私的な部分をさらけ出すような寝技を披露するには時期早計かと思いました。だからと言ってレポートを書くような筆致では、思い切った話題の転換や、横滑りなどを期待できないわけですし、なかなか難しいものですね…。アッ、しかし、そんなふうに試しに書き始めてみたら、ノリがつかめてきました。しかも、早速、山崎さんにお聞きしたいことを思いつきました。いや、往復書簡という形式って結構いいもんですね！

ローレンス・ハルプリン（一九一六〜二〇〇九）
アメリカの造園家、ランドスケープアーキテクト。作品にラブジョイプラザ（一九六六）、ギラデリスクエア（一九六八）、リーバイス・プラザ（一九八二）、ルーズベルトメモリアル広場（一九九七）など多数。

シーランチ（一九六七）
サンフランシスコから北へ約一六〇キロの太平洋岸に位置する別荘地。ローレンス・ハルプリンにより入念な現地調査をもとにマスタープランや建築ガイドライン等が作成され、その後チャールズ・ムーアらによりコンドミニアムが設計された。

チャールズ・ムーア（一九二五〜九三）
アメリカの建築家。代表作にシーランチ・コンドミニアム（一九六五）、カリフォルニア大学クレスゲ校（一九七一）など。

このあいだ何かの打合せをしているとき、山崎さんはローレンス・ハルプリン*を引用していました。ローレンス・ハルプリンというとランドスケープデザイン史、そしてワークショップ史を語るうえでかかせない人物なのかと思いますが、建築設計方面の人間にとってはそこまでメジャーではありません。ランドスケープデザインは授業などでもあまり取り上げられませんし、設計課題の対象になることも少ないから、よっぽど有名な人や作品でないかぎり知るチャンスがない。例えば、私たちにとってみれば、シーランチ*はチャールズ・ムーア*の作品という認識といった程度です。そんなふうに、建築科で学んだ者はランドスケープデザインに疎いのです。

私個人は特にその傾向が強いかもしれません。というのも、学生の頃に流行っていたのが、ピーター・ウォーカー*やエミリオ・アンバース*。ほら、なんか、不幸な感じでしょう(笑)。建築雑誌でも彼らの作品の特集が組まれたりしていた時代を過ごしたわけですが、彼らの作品はランドスケープデザインをますますわからなくするのに十分な存在でした。彼らの表層的に見える作品はモノを見る視点が定まっていない学生にとっては謎で、「何かがひどく間違っているような気がする」ことだけを強く印象づけるものでした。そして「ランドスケープなるものは

ピーター・ウォーカー（一九三二〜）アメリカのランドスケープ・デザイナー。グラフィカルで抽象的なデザインで、ランドスケープデザインの存在を明確にした。作品にバーネット・パーク（一九八三）、タナー・ファウンテン（一九八五）、日本IBM幕張ビルディング（一九九一）、豊田市美術館（一九九五）など多数。

エミリオ・アンバース（一九四三〜）アルゼンチン出身の建築家、デザイナー。主な作品にアクロス福岡（一九九五）など。

シーランチの建物　ハルプリンが設定した屋根勾配や素材によって設計されている。

妖しいので近づくのはやめよう。くわばら、くわばら」と決意したわけです。他にもいろいろな作家や作品が存在するはずなのにそれらを見ずにこういう思い込みに陥るなんて情けないほどの視野の狭さを感じますが、学生らしい初々しさの現れということで許してください。しかし、なぜここまで誤解してしまったのでしょうね。それらの作品に建築科の学生が期待するような方向での批評性が感じられなかったからかもしれません。

ということで、学生時代はランドスケープというジャンルそのものに懐疑的な態度をとっていたので、その後ＯＭＡ*やジャン・ヌーベル*との共働で一世を風靡したイブ・ブリュニエ*の存在を知ったときの驚きは相当なものでした。デザインという行為を果敢に拡張する姿勢や、その荒々しくも美しいドローイングに出会ったとき、「おおっ、これならわかる気がする！」と感動したわけです。作品から感じられる批評性が、建築以上のするどさを持ちえているような気がして、ランドスケープ批判をしていた自分の視野の狭さを大反省した次第です。その後、ランドウエスト8*のようなグループも出てきて、ますます可能性の広がりを思い知りました。

ただしその後も私たちにとってランドスケープデザインの情報は断片的なもの

ＯＭＡ（Office for Metroporitan Architecture）
オランダの建築家レム・コールハース（一九四四〜）が主宰する建築設計事務所。

ジャン・ヌーベル（一九四五〜）
フランスの建築家。代表作にアラブ世界研究所（一九八七）、カルティエ現代美術財団（一九九四）、電通本社ビル（二〇〇二）など。

イブ・ブリュニエのドローイング
（出典：Michel Jacques ed., *Yves Brunier Landscape architect*, Birkhäuser, 1996, p.51）
ロッテルダムのミュージアムパーク計画時のもの。

でした。イブ・ブリュニエはすごいような気がするけど、ランドスケープ史においてどういう位置づけなのかはよくわからないなあ、というように。ところが、ここ数年、門外漢にとっても読*みやすいランドスケープ関係のテキストが続々と出版されて（そのなかの一つ『テキスト　ランドスケープデザインの歴史』は山崎さんも関わっておられましたね）、ずいぶん状況が変わったように思います。一気に私たちにも理解できる領域になったわけです。そんなわけで（前置きが長かったですね、すみません）、今回投げかけたいのは、このランドスケープデザインの領域の出版物が増えているように感じることについてです。それは私の気のせいなのかしら。山崎さんはどう見ていますか？

それから、ランドスケープデザインを学ぶ方法ってさまざまにありますね。農学、土木、造園など、いろいろな方面から学び、実践することができて、建築とずいぶん違う。建築士免許制度の存在が大きいかもしれませんが、建築家もしくは建築士への道のりにはあまりオプションがありませんからね。そのような純粋培養の私たちからすると、ランドスケープデザイン界の雑食(?)的な感じは結構謎めいていて、農学部、土木学科などそれぞれのカリキュラムはかなり違うものなのだろうかとか、お互いに交流があるのだろうかとか興味がつきないのです。

イブ・ブリュニエ（一九六二〜九一）
フランスのランドスケープアーキテクト。OMAやジャン・ヌーベルなどと協働。作品にサン・ジェームスホテルの庭園計画（一九八九）、ルクレール将軍広場（一九九二）、ミュージアムパーク（一九九三）など。

ウエスト8
オランダ・ロッテルダムを拠点に活動する国際的な設計組織。一九八七年にエイドリアン・グーゼ（一九六〇〜）により設立。ランドスケープアーキテクト、建築家、アーバンデザイナー、エンジニアで構成されている。一九九〇年代の作品は世界のランドスケープデザインに大きな影響を与えた。

『テキスト　ランドスケープデザインの歴史』（武田史朗・山崎亮・長濱伸貴編著、学芸出版社、二〇一〇）

あと、ランドスケープデザイン、土木デザイン、景観デザイン、グランドデザインなどいろいろな言葉があってわかりにくい！　なぜこういうことになっているのですか？　そのあたりの解説もよろしくお願いします。

studio-L はランドスケープデザイン業務も行っておられますが、今はコミュニティデザインがかなりなボリュームを占めていますよね。どうして山崎さんたちがこういう事態に陥っている(笑)のかという秘密に迫るべく、まずは山崎さんのランドスケープデザイン観をお聞かせいただけたらと思った次第です。あ、ついでに、山崎さんが尊敬するランドスケープデザイナーをお教えいただけたら幸いです。

では、お返事お待ちしております。

二〇一一年六月二十五日
乾久美子

読みやすいランドスケープ関係のテキスト
乾が最近読んだランドスケープ関連書籍は以下の四冊。
・佐々木葉二・宮城俊作・登坂誠・三谷徹著『ランドスケープの近代—建築・庭園・都市をつなぐデザイン思考』鹿島出版会、二〇一〇
・『テキスト　ランドスケープデザインの歴史』(前掲、15ページ)
・チャールズ・ウォルドハイム著(岡昌史訳)『ランドスケープ・アーバニズム』鹿島出版会、二〇一〇
・廣瀬俊介著『風景資本論』朗文堂、二〇一一

一信

乾さま

2011 7.8

山崎@鹿児島です。明日はマルヤガーデンズ*のコミッティ。ナガオカケンメイ*さんと久しぶりに会います。その前日に、軽い気持ちで返事を書いてみようと思って乾さんからの手紙を開けてみたら、おっとこりゃ軽く返事が返せるようなものじゃねぇな、と背筋を伸ばした次第です(笑)。

まずは今後何度かやりとりするなかで、ランドスケープデザインをネタに乾さんと僕との接点、あるいは建築とコミュニティデザインとの接点を見つけられたらいいな、と思っています。尊敬するランドスケープアーキテクトは、ローレンス・ハルプリンとフレデリック・ロウ・オルムステッド*です。この二人には頭が上がりません(笑)。二人について語りだしたら結構長く語ってしまいそうです。追々お話することにしましょう。

乾さんのランドスケープデザインに関する印象は、僕のものとほぼ同じです。なんだか怪しげだから関わるのはやめておこうという感覚。なぜああいう印象になったんでしょうね。一つには、日本にアメリカンランドスケープ*が紹介された時期がバブル時代であり、建築におけるポストモダンムーブメントの一つとして

マルヤガーデンズ
二〇一〇年にリノベーションによって再生した鹿児島の百貨店。デザイナーのナガオカケンメイ、建築家の竹内昌義と山崎亮が関わり、市民活動のためのコミュニティスペースをもった異色のデパートとして成功している。

ナガオカケンメイ（一九六五〜）
デザイナー。D&DEPARTMENT PROJECT代表。デザインとリサイクルを融合した事業を展開、デザインの視点から日本を案内するガイドブック『d design travel』を発刊するなどの活動を行っている。

フレデリック・ロウ・オルムステッド（一八二二〜一九〇三）
アメリカの造園家、都市計画家。アメリカ造園界の先駆者で、「ランドスケープアーキテクト」と公式に名乗った最初の人物とされる。ニューヨークのセントラルパークの設計者としても有名。

紹介されたことが原因かもしれません。モダニズムに限界があることは多くの人が指摘していたし、それに対して脱構築主義が出てきたり、新地域主義が出てきたり、文脈主義が出てきたり、歴史主義が出てきたり、モダンを乗り越えるためのネタがいろいろ紹介された（いつかお話ししたいと思っている*プログラム至上主義もこの頃出現しましたね）。そのなかの環境主義の一つとしてランドスケープデザインが紹介されたように思います。

ところが僕たちはそれが紹介され終わって、実作がいくつか日本でもできて、その結果を現地へ見に行くことができるようになってから建築やランドスケープデザインを学んだ世代です。だから、ポストモダンのいろんな実作を現地で見て回るうちに、「本当にこれで良かったんだろうか」という気持ちになった。乾さんが挙げられたピーター・ウォーカーやエミリオ・アンバースが設計した空間にも何度か足を運びましたが、何かが決定的に欠けているような、寂しい気持ちになったことを覚えています。

その他にも、ニュータウンを建設するとその中心部に必ず広場がつくられて、そこでイベントが行われることを想定した空間ができていて、しかしそこには鳩が数羽いるだけで他に誰もいない。なんとなくほのぼのしていていいんですが、

アメリカンランドスケープ
アメリカにおけるランドスケープデザインの実践。特に近代以降のランドスケープデザインを指すことが多い。ガレット・エクボ、ダン・カイリー、ジェームズ・ローズからピーター・ウォーカー、ジョージ・ハーグレイブスにかけての取り組みが有名。グリッドやストライプなどを多用して大地に模様を描くようなデザインが多い。

プログラム至上主義
建築の形態を刷新するためには、その用途（プログラム）を刷新しなければならないという考え方。この考え方がエスカレートすると、建築の形態を特徴づけるために、わざと奇抜なプログラムを生み出してしまうようになることもある。

僕がつくりたいのはこういう状況じゃないな、という気がしていました。

　道路や河川にも同様の空間がたくさんできましたね。歩道を少し拡幅したところに石のベンチとテーブルが置いてある。座ろうと思っても夏の太陽に照らされた椅子は熱くて座れない。冬は座面が暖かくていいのでしょうけど空気が冷たくて我慢できない。我慢して座ったとしても、眺めるのは行き交う自動車ばかり。「アメニティ」*という言葉が使われて、都市の快適さを増そうという動きが盛んになり、機能を満たすだけの空間づくり（モダニズム）を乗り越えようとしてきたのはよくわかるのですが、僕らはその結果が見える時代に設計を学んだので、理論と実態がどうかけ離れているのかを冷静に判断してきたんじゃないかと思います。目の前にある実態と、設計者がかつて語った理論とを同時に見ることができる。だからこそ、そこに何が欠けていたのかがよく見えたんですね。僕がそこで見たのは「生活者に直接関与しない」という設計者の態度でした。ひどく怖がっているかのように、そこで生活する人たちと会話しないし、意見を聞かない。常に生活者が何を欲しがっているのかを想定し、それを先回りして空間化してあげる。でも、それはなんだかいつも少しずつずれていて、生活者はそんなものが欲しかったんじゃないよと思っていたり、税金の無駄遣いだと感じていたりする。

アメニティ
環境などの心地よさ、快適さ。間取りや設備など建物の機能だけでなく、デザイン、周囲の環境、社会的条件なども含んだ生活に結びついた環境全般の便利さや快適さを言う。

それなら直接話を聞けばいいんじゃないか、という印象がありました。それが公園や広場を設計するランドスケープデザインであれ、道路や河川を設計する土木デザインであれ。

*景観デザインという分野は、造園や土木や建築にとって、一瞬何か新しい光が見えた分野だったのでしょう。だからこそ、造園はランドスケープデザインと名乗り、土木は*グランドデザインと名乗り、建築は*アーバンデザインと名乗り、それぞれが単体の空間を扱うのではなく、ひろく景観のことを考えて設計しているんですよ、という態度を見せ始めた。

ところが、僕にはそこに少し違和感があるんですね。景観なんて、誰かがデザインするようなものじゃなくねぇか？という違和感です。これはコミュニティデザインという言葉に対する違和感でもあります。あるいはソーシャルデザインという言葉も。共同体（コミュニティ）もランドスケープ（景観）もソーシャル（社会）も、誰かがデザインするようなものじゃなくて、どうしようもなくそこに出来上がってしまうものだろうと思うわけです。だから、もし何かがデザインできるとしても、それはそのきっかけに過ぎないだろうな、という気がしています。このあたりについてはまたいつか詳しく話をしましょう。

景観デザイン
環境の見え方を設計すること。対象自体の設計だけでなく、視点と対象、対象と対象場の関係、視点場の設計など関係のデザインが含まれる点が、通常の空間デザインとは大きく異なる。

グランドデザイン
長期的な構想に基づく大規模な総合的計画。

アーバンデザイン
建築、街路、広場、緑地などの都市空間の構成要素の形態に主眼を置いて都市を計画・設計すること。近代以降に主流となった機能偏重の都市計画（シティプランニング）に対し、都市空間を総合的に捉える。

あらあら、オルムステッドの話もハルプリンの話もできませんでした（笑）。社会の課題に立ち向かったオルムステッドの話はとても興味深いのです。それを次回はお話ししたいものです。この態度はコルビュジエの態度にも似ているような気がします。換言すれば、現代にオルムステッドがいたら公園をデザインしただろうか?、コルが今生きていたら建築を志しただろうか?という問題でもあります。その時代に足りないものを見極めて、それを生み出すことで社会的な課題を解決しようとした人たちの態度に僕は憧れます。

ハルプリンについては、リノベーション、住民参加、エコロジカルデザインなど、現代的なデザインの課題をすべて実践していた人だという点が素晴らしいと思うところでもあり、嫉妬するところでもあります。彼の*モーテーション理論や*RSVPサイクルなどは秀逸で、動き回るものをどう記述し、設計に反映するかに腐心してきた人だという印象があります。これは彼がハーバード大学の学生だったころから興味の対象だったことなんだと思います。二週間だけアルバイトした*チャーチの事務所ですでに動的な視点の変化に基づく庭園のデザインを手がけていましたので。その意味では、日本庭園のデザイン手法に似た感覚をもってい

モーテーション理論
都市空間における人々の動きを表記する方法。モーテーションはハルプリンによる造語で、モーション（動き）とノーテーション（表記法）を掛け合わせた言葉である。観察者自身が止まった状態ではなく、動き回りながら、動き回る対象を表記する点に特徴がある。

RSVPサイクル
リソース（R：資源）、スコア（S：楽譜）、ヴァリュアクション（V：評価と対策）、パフォーマンス（P：活動）を必要に応じて並べ替えながら設計を検討するデザインの手法。

トーマス・チャーチ（一九〇二〜七八）
アメリカ合衆国の造園家、作庭家、ランドスケープアーキテクト。アメリカのランドスケープデザインの職能的な基礎を築いた人物とされる。代表作にドネル公園（一九四八）など。

たデザイナーだと思います。
　ブリュニエやウエスト8、フィールド・オペレーションズのジェームス・コー*ナーについてもお話したいことがたくさんあります。その面白さはハルプリンの話の延長にあると思っています。乾さんが不信感をもったアメリカンランドスケープから脱して、本来やるべきことをやっているランドスケープデザイナーが少しずつ増えていることはうれしいことですし、その編曲点の一つはハルプリンがつくり出しているだろうな、という気がしています。こうした新世代のランドスケープデザイナーたちの登場によって、表層の形態操作にとどまらない公共空間のデザインが実現するようになりました。これが、「もう一度ランドスケープデザインの系譜を読み解いてみよう」という気持ちにつながり、その手の書籍がいくつも刊行される契機になったのではないかと思います。

　ああ、書きすぎちゃうな(笑)。今日はこの辺でひとくぎりとします。まだまだお話したいことがたくさんあります。ヌーヴェルのこと、OMAとAMO*のこと、ラ・ヴィレットのこと、『時間のなかの建築』のこと。まだオルムステッドもハルプリンも語ってないのに(笑)。上記のことが語れると、コミュニティデザイ

ジェームス・コーナー（一九六一〜）
アメリカのランドスケープアーキテクト。ニューヨークに拠点を置くランドスケープコンサルタント、フィールド・オペレーションズを主宰。代表的なコンペ案にダウンズビュー・パーク（二〇〇〇）、フレッシュキルズ公園（二〇〇一）、実作品にハイライン（二〇〇九）など。

AMO
一九九八年にレム・コールハースが設立したシンクタンク。建築設計組織OMAの対照的存在でもあり、現代社会の様々な課題を「建築的思考」によって捉える既成概念に囚われない活動を展開している。

『時間のなかの建築』（モーセン・ムスタファヴィ&デイヴィッド・レザボロー著、黒石いずみ訳、鹿島出版会、一九九九）

ンの話の入口に立てるような気がします。でもまずはこのあたりで。

二〇一一年七月八日

山崎亮

二信

山崎さま

2011 7.15

生活者に関与しない男子中学生的建築家像

昨日の延岡はおつかれさまでした。往復書簡でやり取りしながら、リアル山崎さんともやり取りをするというのも調子がくるいます(笑)。

さて、お返事にはさまざまな話題が書かれておりました。デザインの理論と実践の乖離、生活者に近寄ろうとしない臆病な設計者、景観デザイン（ランドスケープに対する上位概念なのですね）に注目が集まったときの空気、オルムステッド、ハルプリン、そしてそのハルプリンを引き継ぐブリュニエら…一通の手紙に盛り込む話題の量を大幅に超えておりました。ご自身でもお気づきのようですが、書き過ぎでしょう(笑)。山崎さんから出てきた話題はそれぞれが非常に面白そうですので、少しずつ取り上げて内容を深めて参りましょう。

まず興味を覚えたのが、山崎さんの設計者観です。「生活者に直接関与しない」っていうくだりですね。耳の痛いお話なのですが、あらためて設計者の臆病さというか、むしろ滑稽と言えるほどのコミュニケーション能力不足を指摘しておられるのかと思います。自虐的な分析ではありますが、言ってみれば、好きな女の子にどうアプローチしていいのかわからずにもんどりうつ男子中学生といったところでしょうか。あらゆる想像力および妄想を膨らませていろいろと努力するのですが、その思いが思い込みでしかなく女の子が求める世界から決定的にずれていて、いつまでたっても恋が成就しないような感じですね（笑）。ううう、恥ずかしい。しかし、ご指摘されている男子中学生的空回りはランドスケープデザインだけのものではありませんね。建築設計もまた同様の状況に陥っているのかもしれません。

近代という時代における建築や土木などの建設は問題を解決し、あこがれを具現化し、時代と共に社会の可能性を切り開いていると設計者は信じることが可能でした。また「機能を満たすだけ」とあるモダニズムですが、機能性からもたらされる美や快適性は当然追求されていたし、そのことは「一応」社会的に認められていたと思います。しかしモダニズム的美や快適性が実は生活者の感覚や現実の問題からずれていることが徐々に明らかになり、その象徴としてアメリカでは＊プルーイット・アイゴー団地の取り壊しなどがありました。ただしそうした近代の初期にいきづまったにもかかわらず、近代が生み出したオフィスビルや集合住宅などが経済的な理由から量産され続けました。それは一種の技術の暴走と言え

プルーイット・アイゴー団地の取り壊し
アメリカ・セントルイスにあった住宅団地で、一九五一年にセントルイスのスラムを取り壊し、建築家ミノル・ヤマサキにより設計され、一九五六年に完成した。しかし、団地自体がスラム化し犯罪の温床となるなど環境が著しく悪化、入居者が激減し、一九七二年に爆破解体された。同団地の爆破解体の日は「モダニズム建築の終焉の日」と位置づけられている。（写真出典：Charles A. Jencks, *The Language of Post-Modern Architecture*, Fifth Revised Enlarged Edition, Rizzoli, 1987, p.9）

るかもしれません。その暴走から生活者は置いてきぼりになってしまった。

もちろんこうした生活者の疎外は、建設だけの問題ではありませんでしたね。工学、医学などのあらゆる分野で同時進行していたはずです。ですから建設だけをとりあげて自己批判しすぎるのは誤っているかもしれません。このあたりはワークショップというものが建設だけでなく、他の社会的問題の解決のために要請されることになった経緯についてお聞きしたいときにとっておきます。いずれにせよ建設における事情、つまり一方で批判されつつも一方では暴走は止まらないという、広がり続けるギャップを埋めるために、建築では「デザイン」、土木やランドスケープでは「アメニティ」なる言葉が動員され、その言葉を具現化するものとして今となってははずかしくなるような悲惨なアイテム群が開発されたのかと思います。デザインやアメニティは結局単なる装飾で、その装飾もまた記号的なものだけが求められたのですから。そうしたデザインやらアメニティやらが、比喩的になりますが、モダニズムがつくりだした強固なフレームの上にぺたぺたと貼り付けられていっても、そんなのがうまくいくわけがありませんね。

この状況では誰が批判されるべきなのか。たいていは設計者ですね。理由や手続きの未熟さ、つくり手的な身勝手さなどいろいろと指摘されてきました。しかし私は、少なくとも日本においては、生活者と設計者は（さらに発注者も）共犯関係にあるのではないかと思います。私たちは、どういうわけか課題をガジェット、つまり小道具で解決する傾向があります。課題を抜本的なシステムの変更へとむすびつけずに、ちょっとした工夫でなんとかしのぐことに長けているし、好んでそのような手段を選んできた。私たちの家のなかを振り返ってみればわかるように、リビングにせよキッチンにせよお風呂にせよ、生活の細かい不満を解消する小道具にあふれかえっていて、それらを利用した生活が豊かであると信じられてきたわけです（このあたりを漫画家の泉昌之*が『かっこいいスキヤキ』などで自嘲気味に鋭く描写して一世を風靡したのがなつかしい）。この本質的な解決を先送りにしようとするガジェット信仰はあまねく私たちに浸透してしまっているので、建築やランドスケープにも、ある種の便宜的な快適さをデザインやアメニティと呼ばれるガジェットを通して求めてきたのではないかと感じています。なんか不毛ですよね。

　心ある設計者たちはこの共犯関係を批判し続けてきたのでしょう。彼らはこの便宜的な快適性を糾弾すべく「本当」の快適さや豊かさを求め、ついでにモダニズムの乗り越えも見据えつつ、ひたすら理論を洗練することでその批判の精度を

泉昌之
泉晴紀（一九五五〜、作画担当）と久住昌之（一九五八〜、原作担当）の二人からなる漫画家コンビ。代表作に『かっこいいスキヤキ』（一九八三）など。

『かっこいいスキヤキ』（泉昌之著、青林堂、一九八三）

上げていきました。山崎さんのお手紙にリストアップされていたさまざまなムーブメントはその現れの一部でしょう。そうした彼らにとって生活者の意見はあまり重要ではなかったのかもしれません。なぜならば設計者にとって生活者とはガジェット病という伝染病におかされた者であって、治療の対象でしかないからです。「生活者に直接関与しない」態度とは、そんな思考回路と共に醸成されていったのかなと想像していますが、どうかしら。彼らの思想は根本的に間違いではなかったのだと思います。少なくとも私はそう信じたい。しかし戦略を誤り、さらに戦術がお粗末すぎたのかもしれません。結果として、ハタから見るともう一つの暴走としてしか捉えられないような状況になってしまったわけですから。

ええっと、長いですね(笑)。でももう少しお付き合いを。最後に書いておきたいのは、建築とランドスケープのもう少し具体的な事情です。両方の分野において全員が「生活者に関与しない」態度をとったわけではありませんね。建築であればアレグザンダー*やルシアン・クロール*がいて、ランドスケープであればハルプリンがいました。また都市であればケヴィン・リンチ*がいました。彼らは疎外される生活者の意見をどのようにすくいとるかについて真剣に研究し、論理を立

クリストファー・アレグザンダー（一九三六〜）
ウィーン出身の都市計画家、建築家。建築や環境を合理的にデザインするための理論「パタン・ランゲージ」を提唱。建築家の独善によらない全員参加型の設計方法であり、本理論に基づき盈進学園東野高等学校（一九八四）を設計した。

ルシアン・クロール（一九二七〜）
ベルギー出身の建築家。設計に学生の意見を取り入れたルーヴァン・カソリック大学医学部学生寮（一九七六）は住民参加型デザインの古典ともいえる作品である。著書に『参加と複合―建築の未来とその構成要素』（一九九〇）。

ケヴィン・リンチ（一九一八〜八四）
アメリカの都市計画家。著書『都市のイメージ』（一九六〇）では、ボストンやロサンゼルスなどでのアンケート調査をもとに、都市のイメージを決める要素としてパス（道）、エッジ（縁）、ディストリクト（地域）、ノード（結節点）、ランドマーク（目印）の五つを挙げ、都市の「イメージアビリティ（イメージしやすさ）」「レジビリティ（わかりやすさ）」の重要性を説いた。

て、実践したわけです。しかしながら結果はずいぶん違ったものになりました。アレグザンダーの理論はいまだ輝きのあるものの、実践は人びとの失望を買ってしまった。この失望のために建築設計に住民参加をとりいれる早期の可能性が流産されてしまったように思います。住民参加をタブー視するような期間ができてしまった。それに対してハルプリンは違ったのではないですか。彼の実践した作品の質の高さは、ランドスケープを志す人びとに多大な希望を与えたのではないかと感じています。この差は非常に大きいような気が。なぜ一方は失敗し、もう一方は成功したのかという理由についてはまた別の機会に考えてみたいと思うのですが、いずれにせよ、山崎さんという存在が、建築からではなくランドスケープから登場した理由はそのあたりにあるのかと思いました。いかがでしょう。

ううむ、書き過ぎ批判でスタートした割には自分も書き過ぎてしまいました。最初からこんなに飛ばしていると、確実に途中で息切れするでしょう(笑)。まあ、それはそれで良しというぐらいで続けていければいいと思います。

二〇一一年七月十五日

乾久美子

二信

乾さま

2011 7.16

山崎@東京から大阪への移動中です。先ほどまで、原広司*さんの事務所で「打合せ兼お食事会」、いや「お食事会兼打合せ」をしていました。原さんというのは面白い人ですね。ひたすら食事を準備している(笑)。ハムを切って、とうもろこしを焼いて、鯛汁そうめんをつくる。それができたら順次、打合せテーブルにもってくるんですが、その間ずっと西沢大良*さんが今治のプロジェクト*について説明している。「このコンビ、やるなぁ」と思いました(笑)。面白い仕事になりそうです。

さて、僕の「長すぎるお手紙」に合わせた長文の返事をお送りいただきありがとうございました。男子中学生的建築家像、僕の印象とぴったり一致します。「きっと女子はこういうことを望んでいるだろう…」と想像しながらいろいろ準備するんだけど、どうもピントがずれている。そんな設計業界にいて、僕はついつい我慢できず「それなら生活者に直接聞いちゃえばいいじゃん」って思ってコミュニティデザインなんてことを始めてしまった。思い起こせば、昔から「そんなら女子に直接聞いてみりゃいいじゃん」ってことをやっていたような気がしま

原広司（一九三六〜）
建築家。田崎美術館（一九八六）、ヤマトインターナショナル（一九八七）、梅田スカイビル（一九九三）、京都駅ビル（一九九七）など代表作多数。

西沢大良（一九六四〜）
建築家。主な作品に立川のハウス（一九九七）、太田のハウス（一九九八）、駿府教会（二〇〇八）など。

今治のプロジェクト
今治シビックプライドセンターから依頼されてstudio-Lが関わっている港再生プロジェクト。市民とともに港を楽しい場所にしようとワークショップによる話し合いを繰り返している。港のランドスケープデザインと建築のデザインには原広司氏と西沢大良氏が関わっている。

す(笑)。

一方、乾さんが指摘するとおり、建築界とランドスケープ界における住民参加の具体事例に違いがあるというのも僕の人生に影響しているように思います。アレグザンダーが自分の世界観（つまり中世ヨーロッパの空間構成）をダイレクトにパタン化し、それを具現化した建物たちがいずれもポストモダンの次を狙う建築家たちにとって失望の対象だったことは、逆の意味でインパクトをもってしまった。クロールの建築もさまざまな様式を張り合わせたように見えてしまうし、ムーアの住民参加がいずれもハルプリンの二番煎じのように見えてしまったのも不幸なことだったと思います。ランドスケープ分野では、ハルプリンが住民参加のプロセスを精緻にデザインしたし、結果として建ち現れる空間の質を高いレベルに担保してくれた。これはとても幸せなことだったと思います。住民参加アレルギーのようなものを不当に煽ることがなかったと言えるかもしれません。

これは乾さんとはじめて銀座のシンポジウム*でお会いしたときにもお伝えしたことだと思いますが、僕は「住民参加で設計を進めるとデザインの質が下がる」というのは、ある種の思い込みだと思っています。設計者の言い訳だと言えるかもしれません。自分のデザイン能力を棚に上げて、「住民の意見を聞いたからデ

銀座のシンポジウム
二〇〇九年一月三一日に銀座のINAX:GINZAで行われたイベント、LIVE ROUNDABOUT JOURNAL 2009のこと。ゲストには成瀬友梨＋猪熊純、乾久美子、mosaki、柳原照弘、寶神尚史、dot architects、勝矢武之、山崎亮、原田真宏、石上純也、藤本壮介が呼ばれた。

ザインが汎用なものになった」と言ってしまう。しかし、ハルプリンの仕事を一つずつ丁寧に見れば、造形能力の長けた人が、しかるべき住民参加の場をデザインすれば、結果としての空間は秀逸なものになるということが理解できるはずです。「住民の意見を聞いたから」ではなく、「住民の意見を聞いたのに」デザインが汎用なものになってしまうなんて情けないな、と思ってしまうくらいです。

住民参加の手法についてはいろんな勘違いがあるように思います。建築物の色や形を住民に聞いちゃって、さまざまな意見が出てきちゃって、結局すべての意見を中和したようなデザインにしかならなかったというような例。これは設計者にとっても生活者にとっても不幸な結果です。設計者は色や形を決めるプロであり、生活者はその場所を使うプロです。お互いに長けた部分をワークショップで重ね合わせる必要がある。だから、生活者からはアクティビティについて聞くべきなのです。和風がいいとか赤がいいとか、そんなことを生活者に尋ねてはいけない。そこを整理せずに聞いちゃうから、アクティビティや用途とともに設備や空間についても話がつながってしまって、最終的にはガジェットをいろいろ要求されることになる。男子中学生的建築家は、そのガジェットを通して生活者が本当に求めていることは何なのかを突っ込んで聞かずに、「ほら、やっぱり生活者に話を聞いてもガジェットばかり出てきちゃう。そもそも意見なんか聞いても意味ないんだよ」という話にしてしまう。もったいないことです。

ワークショップの場をデザインする必要があると思うのです。誰から、どんな方法で、何を聞き出そうとするのか。その狙いは何なのか。デザインを決めるためのネタを仕入れたいのか。参加した人たちを組織化したいのか。こうした狙いを巧妙に練りこんだワークショップのデザインが必要なのです。ところが、建築家やランドスケープデザイナーがワークショップをやると、どうしても空間に関する言語で会話してしまうので、参加者もダイレクトに空間を要求してしまう。

これは「私は建築家です。みなさん、意見を聞かせてください」と話し始めるところに問題があるんでしょうね。僕が「つくらないデザイナー」と名乗るようになった理由の一つはこのあたりにあります。生活者から「この人はつくる人じゃないのか。じゃ、空間や設備のことを言ってもしょうがない」と思ってもらうことが重要なのです。本来的な話ができるプロファイルをまとわないと、引き出したいと思っている言葉が引き出せない。だからワークショップの場では、「僕は建築やランドスケープデザインについては詳しく知らないし、それはその道のプロに任せるべきだ」という話をします。延岡で内藤廣*さんや乾さんとコラボするときも、今治で原さんや西沢さんとコラボするときも、僕の立場は同じです。そして、これはマルヤガーデンズでナガオカケンメイさんや竹内昌義*さんとコラボしたときも同じでした。

でも、実際には少しだけ建築やランドスケープデザインについて知っているので、生活者から出てきたアクティビティをどうまとめて手渡せば設計者は参考にしやすいのかを考えながらワークショップを進めることができます。だから、突拍子もない意見をそのまま設計者に渡すようなことはしません。極端な意見が出てきた場合、もう一度ワークショップの場に戻して、多くの人たちとその意見を揉んで、さまざまな意見の間に共通するエッセンスを見つけ出してから設計者に渡すよう努力します。それが僕たちの役割だと思うからです。

この話は、僕が「デザインワークショップ」と呼ぶワークショップを進めるときに気をつけていることです。ところがワークショップの目的はデザインだけではない。そこに集まった人たち同士をチーム化し、計画の推進力になってもらうための「主体形成ワークショップ」という側面もある。これをどのようにデザインワークショップのプロセスに融合させていくか。このあたりに「参加のデザイ

内藤廣（一九五〇〜）
建築家。海の美術館（一九九二）、牧野富太郎記念館（一九九九）など代表作多数。延岡駅周辺整備プロジェクトでは、デザイン監修者審査委員会の委員長を務めた。

竹内昌義（一九六二〜）
建築家。みかんぐみ共同代表。鹿児島のデパート、マルヤガーデンズのリノベーションを担当した。著書に『未来の住宅』（二〇〇九）、『原発と建築家』（二〇一二）など。

ン」の醍醐味があるわけですが…長くなりますね。また次の機会にお話ししましょう。デザインのことを話し合いながら、その場に居合わせた人たちとの信頼関係を生み出すためにどんな仕組みが必要か。このあたりをデザインしていると楽しくてついつい寝るのを忘れてしまいます(笑)。

ちなみに、僕の修士論文はケヴィン・リンチの続編でした。都市はわかりやすさだけで人びとの愛着を手に入れているのか?というテーマですね。*ドナルド・アプリヤードなどが引き継いだテーマなのですが、そういう意味でも、阪神・淡路大震災以後の僕の興味は「つくることとつくらないこと」の関係性に移っていたのかもしれませんね。

ではでは!

二〇一一年七月十六日

山崎亮

＊ドナルド・アプリヤード（一九二八〜八二）　カリフォルニア大学バークレイ校都市デザイン科教授。ケヴィン・リンチとの共著『The View From the Road』（一九六四）では、道路交通と景観の関わりを分析、一九八一年には「住みやすい街路（Livable Streets）」を提唱した。

三信

住民参加そのもののデザインで問うのは〝誰が？〟と〝何を？〟

山崎さま

2011 7.23

たった一日で帰ってきたお返事。移動中に書かれたもののわりには、内容の濃いものでした。往復書簡三回目にして、すでに山崎さんの核心にふれるような内容になっているのかと。大丈夫かな。後半ネタ切れにならないかしら。

住民参加に対する誤解…それは私のことを指摘していますね(汗)。ハイ、手紙にもチクリと書いておられますが、数年前、藤村龍至*さんの主宰するシンポジウム「LIVE ROUNDABOUT JOURNAL 2009」ではじめてご一緒したとき、その誤解を解こうともしませんでした。意匠設計者根性丸出しで、住民参加不信の態度を譲りませんでしたねえ。その節は本当に失礼しました。しかしそれを思い出すと、この往復書簡、そのときの恨みをはたすべく始めたのではないかという疑いが出てまいりました(笑)。どうして私と手紙をやり取りしようと思われたのか謎だったんですけど、あのくそ生意気な乾をギャフンと言わせてやるなんて目論みがあるのではないかと(笑)。私は新しいものに対して昔っから疑い深いんですよ。保守的だし、ものごとの革新性になかなか気づくことができないのです。だから、

*藤村龍至（一九七六〜）
建築家。主な建築作品にBUILDING K（二〇〇八）、東京郊外の家（二〇〇九）、倉庫の家（二〇一一）、主な編著書に『1995年以後』（二〇〇九）、『ARCHITECT 2.0』（二〇一一）、『3.11後の建築と社会デザイン』（二〇一一）など。

当時は、山崎さんの試みがうまく理解できなかったのです。もう十分反省しています！　しかも、この往復書簡によって山崎さんの魅力をつまびらかにするのが私に与えられたタクスと十分理解しているので、攻撃してこないでくださいよ。いじけて仕事しなくなりますから(笑)。

　山崎さんの住民参加に対する提案の核心は、「住民参加そのものをデザインすべきである」ということですよね。ワークショップの手法論を語ることは特に目新しいことではなく、RSVPサイクル、心理劇*、演劇ワークショップ*、KJ法*などがあることは、これまで出版されてきたワークショップ解説本を読めば出会える状況でした。ただし手法論はあくまでも「どうやって」という問いでしかないわけで、ファシリテーター志望でもないかぎり興味を引く内容ではありません。また根本的な問いである「なぜ住民参加が必要なのか」も、主体形成、合意形成、現代社会における疎外感の乗り越え、まちづくり、新しい公共圏の形成などいろいろな議題が挙げられますが、それだけを議論することに違和感を感じます。なぜでしょうね。

　「なぜ」が大真面目に議論されていることに現れているように、住民参加そのものを目的化した頑迷さを嗅ぎ取ってしまうからでしょうか。自己啓発っぽさす

心理劇
演劇の枠組みと技法を用いた集団心理療法。創始者は精神分析家のヤコブ・L・モレノ（一八九二〜一九七四）。監督（治療者）・演者（患者）・補助自我（助監督）・観客の参加者が即興劇を演じることを通して、患者の抱える問題について理解を深め、解決を目指す。

演劇ワークショップ
地域のコミュニティが自身を取り巻く問題を演劇で表現し、解決していくことを目的にしたワークショップ活動。PETA（Philippine Educational Theatre Association：フィリピン教育演劇協会）により始められた。

KJ法
文化人類学者川喜田二郎がデータをまとめるために考案した手法。KJは考案者のイニシャルに由来する。データをカードに記述し、カードをグループごとにまとめて図解し、整理を行う。共同作業にもよく用いられ、創造的問題解決に効果があるとされる。

ら感じるような、ちょっと怖い感じです。しかしそうした類のコミュニティ論は、小泉政権による構造改革が労働市場を激しく流動化させたことや、メガモールの登場による地方の容赦のない郊外化によって、その無力さを露呈してしまったのかと思います。

社会の流動化そのものは認めたくない状況とはいえ、なんとかしなくてはいけない。そうしたなかで必要とされたのは、社会構造の変化を捉えた合理的で論理的な思考回路です。コミュニティに関する議論も、これまでと同じ次元で「なぜ」を問い続けていてもしょうがないと気づくことのできる柔軟な知性をもつ人が現れるようになった。その一人が山崎さんだったのかと思います。山崎さんの功績は、「〝なぜ?〟もいいけど、〝誰が?〟と〝何を?〟の方が大切なんじゃないの」というこれまでにない新しい問いを立てたことと理解してますがいかがでしょうか。〝誰が?〟つまり生活者のうちの誰に聞きたいのか、そして〝何を?〟つまり生活者から何を聞きたいのか、そんな議論を投げかけてきた。その議論に多くの建築家やまちづくり関係者の目からウロコが落ちたわけです。なんと言っても〝誰に?〟という問いに驚きます。「住民参加=誰でも自由に発言」の前提を崩し、物事を硬直化させがちな平等主義を排除するわけですからね。

この考え方はある年齢以上の方の癇に障るかもしれないし、誤解を招く恐れがあるので、もう少し丁寧な言い方が必要かもしれませんね。山崎さんが目指しているのは不平等性の容認などではなくて、本当の意味での平等のあり方なのかと思います。生活者のなかには真剣な人もいれば、冷やかしの人もいる。責任感の強い人もいれば、無責任な人もいる。全体のことを考えている人もいれば、自分のことしか考えていない人もいる。また、奉仕の気持ちがある人とない人にわかれる。そういった差異を無視した空虚な平等主義に異を唱え、その代わりにプロジェクトに対してより真剣で奉仕してくれる人に優先権を与えることで、中身のつまった実質的な平等主義を提唱しているわけなのですから。この合理的な思考によって、住民参加論のちょっと寄りつけないような感じはかなり脱色されたのかと思います。故に、疑り深い乾サンもようやく態度を軟化させることができた(笑)。

それから〝何を?〟。これもまたウロコがポロリ。「住民参加のまちづくり＝みんなでデザインしてみよう！」という、無理がありつつも誰もがそれを指摘することをためらっていた住民参加のあり方をあっさりと否定して、中身のない平等主義から生み出されるものなど何もないと看破してしまうんですから。先ほどの

〝誰と？〟と同じ論理で、デザインをまとめることに長けている人と長けていない人がいるわけだから、長けている人に優先権を与えた方が、結果として平等なんじゃないのっていうことを言ってくれた。そうやって、私たちのように造形の専門教育を受けた人間が忸怩たる思いを抱えていたところに、痛快とも言える救いの手を差し伸べてくれたわけです。もちろんその優先権にあぐらをかくような、悪しき建築家的傲慢を許しているわけではないですよね。だから、私たちも山崎さんの前ではビシッと襟を正さなくてはならない。そのあたりの建築家に対するアメとムチの使い分けについてはまた別の機会に。

二〇一一年七月二十三日

乾久美子

三信

乾さま

2011 7.27

山崎@大崎上島です。広島県庁の職員が僕を大崎上島という瀬戸内海の離島で活動するＮＰＯの方々に紹介してくれて、ちょっとしたワークショップ＋レクチャーをやりに来ています。しまなみ海道を通って大三島へ渡り、そこから船で大崎上島へ。あちこちに島が顔を覗かせる瀬戸内海独特の風景に出会うことができました。

乾さんも今回の返事はすごく早かったですね。びっくりしました。このペース、危険じゃないですか？　このまま続けられる気がしません(笑)。

さて、前回から少し懐かしい話になりましたね。僕がはじめて乾さんにお会いしたときのことを鮮明に思い出しましたよ。確かに乾さんはあのとき、設計意匠者としての立場をしっかりと見極めながら発言されていました。だからこそ、僕は「この人は、一般的な住民参加論が陥っている課題を正確に感じ取っているなぁ」という印象をもちました。住民参加論のどこに落とし穴があるかを明確にしないまま、なんとなく「参加型デザインはいいデザインにならない」と思ってしまっている設計者が多いなかで、参加型デザインのどこが問題だから自分はそれに関わらず、むしろつくるべきだと思ったものをつくる方がいいと思う、ということをしっかり表明されていた。その態度に「この人は打てば響く人だろうな」と感じました。

その「一般的な参加型デザインはどこが問題なのか」については、先の手紙に書いてもらったとおりです。僕もかつて、設計する人間としてその部分にかなり懐疑的だったのです。だからこそ、〝誰から〟〝何を〟聞き出すのかをよく考えたし、自分がワークショップと設計を両立させなければならないときは、最初に参加者の方々と「何を話し合うのか」を共有してから対話を開始するようにしました。今は自分で設計することがほとんどなくなりましたが、信頼できる設計者と一緒に仕事をするのであれば、お互いにできることをうまく組み合わせて理想的な住民参加プロセスをデザインすることが可能だという確信に似た思いをもち始めています。

「誰から話を聞くのか」についてもおっしゃるとおりだと思います。住民参加の平等について、僕はジョン・ロールズ*の「公平性の原理」を参考にしています。ロールズは、「こいつは公平だぜ！」と思えるプロジェクトの参加形態には三つの原理があると言ってます。第一の原則は、自ら主体的に参加しようとする人を集

＊ジョン・ロールズ（一九二一〜二〇〇二）
アメリカの政治哲学者、倫理学者。主著『正義論』（一九七一）では「最大多数の最大幸福の実現」を正義とする功利主義を批判、それに代わるものとして、個人の自由と平等に基づく「公正としての正義」を説いた。

めてプロジェクトをスタートさせること。第二の原則は、集まった人たちの意見を聞きながらプロジェクトを進めること。第三の原則は、そのプロジェクトを外から眺めていて「私も参加したいな」と思う人がいつでも入ってこれるようにしておくこと。この三つを担保していれば公平な参加機会があると言っていいんじゃないか、と考えています。

だから、プロジェクトを始めるときは地元のキーマンとたくさん会います。キーマンは自治会長など地縁型コミュニティの方々だけとは限りません。むしろ、そのプロジェクトで直接活躍してくれそうなＮＰＯの代表者やサークル団体の代表者に話を聞くことが多いですね。そういう人たちの話をじっくり聞いて、プロジェクトのコアメンバーを見定めます。ワークショップを行う際は、それらのコアメンバーにぜひとも出席してもらうとともに、一般公募によって参加者を募ります。コアメンバーと一般参加者が全体として創造的なディスカッションをするようになってきたら、さらにプロジェクトに参加したいという人を募ります。ただし、遅れてプロジェクトに参加する人たちは、これまでどんなことが話し合われていたのかわからないため少し気後れするかもしれません。だからこそ、毎回議事録を作成したり、ニュースレターを発行したり、ブログでレポートしたりします。こうして、遅れてきた人たちも過去のワークショップを追体験し、今進んでいる議論に追いつけるようにしておくことが大切だと思っています。

以上が、〝何を〟聞き出すのか（What）と〝誰〟から聞き出すのか（Who）に関する話です。最後に、〝なぜ〟参加型で進めるのか（Why）についても少しだけ触れておきましょう。〝なぜ〟の話をすると、先の乾さんの手紙にもあったとおり、話がどうしても左の方に逸れていきます（笑）。しかし、僕が参加型でプロジェクトを進める利点として最も強く感じているのが「楽しいから」という理由です。プロジェクトに参加して、チームをつくって、信頼できる仲間ができて、その人たちと食事に行ったり旅行に行ったりすることになるのを見るにつけ、これは社会運動でも革命でもなく、楽しいからやっているんだな、ということを感じます。まちづくりのワークショップに出かけて、そこで気の合う仲間と出会い、チームをつくり、プロジェクトを実施し、感動し、しかも他の誰かから少しだけ感謝されるようになる。「あなたたちがまちを良くしてくれているのよ。どうもありがとう」なんて言われることになる。そうなると嬉しくて、また仲間と一緒に飲みに行くことになる。僕もそういうときは一緒になってウーロン茶を何杯も飲みます。

ご指摘のとおり、すでに地縁型コミュニティを無理やり維持するのは難しくなっている地域がかなり増えています。地縁型コミュニティは、ある意味で年貢の時代から人びとをしばりつけるための道具だったわけですから、これを復活させようとする参加型プロジェクトは「楽しい」だけではなかったはずです。しかし、これだけ人が移動する社会になった今、地縁型コミュニティの再生を目的にするだけではプロジェクトが成り立たなくなるし、そもそも楽しくないので参加者が増えない。あるいは減ってしまう。むしろ、今多くの人に受け入れられているコミュニティはテーマ型なんだろうと思います。同じ趣味や趣向の人たちが集まるコミュニティ。これをどのように公益的な活動へと結びつけるのか。あるいは地縁型コミュニティを刺激するための媒体として活躍してもらうのか。こういうことを整理すれば、きっとテーマ型コミュニティと地縁型コミュニティはうまい協働を生み出すことになるだろうと思っています。

そのときの原動力は「楽しい」という気持ちだろうと思うんですね。自分たちが「やりたいこと」を進めつつ、社会に「求められること」に取り組み、自分たちに「できること」を実現させていく。「やりたいこと」「求められること」「できること」の三つを組み合わせて、コミュニティの活動を展開することが重要です。「やりたいこと」と「できること」だけでは趣味ですし、「できること」と「求められること」だけでは仕事ですし、「やりたいこと」と「求められること」だけだと単なる夢に終わってしまう可能性が高い。三つをうまく組み合わせて、やりたいことと求められることを実現させる力をもてば、自分たちが楽しくなるし、地域の人たちから感謝されるようになる。そんな生き方は素敵だな、と思うし、僕たちのプロジェクトに関わってくれる人たちには、ぜひともそんな気持ちを味わってもらいたいな、と思っています。

　このあたりが、主体形成ワークショップと大きく関係する部分なんですよね。デザインワークショップは「誰に何を聞くのか」が重要ですが、主体形成ワークショップ、つまり活動の主体となるコミュニティを新たにつくるときのワークショップでは「なぜワークショップなのか」が重要になります。このとき、七〇年代の理由とは違う、二〇一〇年代なりの答えが必要になってくるわけです。そのうちの一つが「楽しいから」というものだろうと思っている、という話でした。

　以上を読んでおわかりのとおり、僕はこの手紙のやりとりを通じて乾さんを糾

活動の原動力となる三つの輪

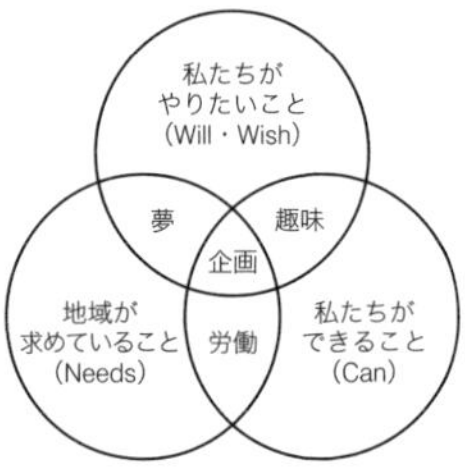

弾したいわけではありません。むしろ、コミュニティデザインについてちゃんと話ができそうな人だな、と思っていたわけです。ということで、楽しく対話を続けましょう(笑)。まだまだお話したいことはたくさんあります。

ではでは!

二〇一一年七月二十七日

山崎亮

四信

山崎さま

2011 8.12

とてつもないスピード感のやり取りから一変。二週間もあけてしまいました。失礼しました。ここ数日の暑さのせいにでもしようかと思っています(笑)。節電の要求に応えてこれまでずっとクーラーを我慢していたのですが、さすがに倒れそうになってチョっとだけ利用することにしました。

二週間ぶりに再読してみたお返事、話が政治哲学の世界に踏み込みつつありました。マイケル・サンデル*の本にあったような話が出てきて、おおっ、話が突然、本格的になってきたぞ!とあわてたのを思い出しました。あの本にあるような正義やら公平やらの議論は極端なレベルで多元的な世界を担保しなくてはならないアメリカという国を前提としているからか、日本における私の生活の実感からはちょっと遠い印象だったのですが、どうもそうではないんだなということに、いただいた手紙を読んでいて気づきました。

住民参加というのは、まさに正義と公平が先鋭的に現れざるを得ない場なわけですから、ある程度の政治哲学的素養は必要ということなのでしょう。それは心

マイケル・サンデル(一九五三〜) アメリカの政治哲学者。ハーバード大学教授。共同体の価値を重んじるコミュニタリアニズム(共同体主義)の代表的論者として知られる。大学での講義は、テレビ番組『ハーバード白熱教室』として放送された。

『これからの「正義」の話をしよう』(マイケル・サンデル著、鬼澤忍訳、早川書房、二〇一〇)

しなくてはなりません。私は「建築家」だから政治哲学にうとくても許されるのかもしれませんが(笑)、特に、山崎さんに憧れてコミュニティデザインの現場に飛び込んでみたいと思っておられるような学生の方は、そのあたりを注意しなくてはならないかもしれませんね。

『もしドラ』の主人公「みなみ」がドラッガーの著書を抱えていたように、若きコミュニティデザイナー志望者がロールズの『正義論』などを抱えているということでしょうか。もう片方の手には野球のスコア表ではなくて、色とりどりの付箋やマジックペン、そして模造紙をつめ込んだお道具箱を抱えなくてはならないわけですが。

市民協働や住民参加、もしくはコミュニティデザインという場において、何が基本的な権利であり自由であるのか、そのあたりの問題はなかなかわかりにくいものですが、功利主義を乗り越えようとしたロールズを参考にしたという山崎さんのコメントに頷きました。この正義やら公平の話についてはさらに詳細な議論ができる部分なのでしょうが、門外漢の私にはなかなか難しいのでこれ以上はご勘弁ください。

実践者の本音としては、そんな小難しい話はそんなに重要ではないのですよね。

『もし高校野球の女子マネージャーがドラッカーの『マネジメント』を読んだら』（岩崎夏海著、ダイヤモンド社、二〇〇九）

『正義論（改訂版）』（ジョン・ロールズ著、川本隆史・福間聡・神島裕子訳、紀伊國屋書店、二〇一〇）

「やりたいこと」「求められていること」「できること」を合致させる地点を見つけ、そして「楽しい」と思える状況をつくり出すことが大切だと。このアイデアもまた山崎さんの活動のキモにあたる部分だと思うのですが、これはどっから出てきたのでしょうか。突然、思いついてしまったのか、何かピンとくる書物に出会われたのか。啓示を受けて「うお〜」と叫んでいる山崎さんの姿を勝手に妄想しています(笑)。しかも先日、シンポジウムでご一緒した西村浩*さんが「山崎さんのこと前から知ってるんだけど、気づいたらスーパーサイア人みたいにパワーアップしてたんだよなあ」とおっしゃられていたのを聞いて、ますます「うお〜」となっている山崎さんの姿をより克明に妄想できるようになりました(笑)。その進化の原因や如何に。そのあたりは多くの人が興味をもっているところだと思いますので教えてください。

話は変わりますが、山崎さんは昔っからお酒がだめなのでしょうか。山崎さんはウーロン茶ですが、私はウーロン茶のカフェインも避けたいのでお水をいただいてます。ご一緒している延岡では、居酒屋さんがラフなところが多くて、めんどくさいから自分でついでよ、なんて言ってピッチャーで渡される水道水をちょ

西村浩（一九六七〜）
建築家。株式会社ワークヴィジョンズ代表取締役。山崎とは佐賀のプロジェクトで協働。作品に岩見沢複合駅舎（二〇〇九）など。

びちょびやりながら飲み会に参加しているわけですが、実を言うとノンアルコールの限界を感じたりしていいます。やっぱり、ボルテージのあがり方が違いますから。延岡でまわりの皆さんが「楽しいぞ〜」と盛り上がっているのに、微妙に参加できていない自分がいたりして。その限界を乗り越えるべく、自分なりに盛り上がろうとして、一人でご飯をたのんでもぐもぐたべたりしていたら、この数ヶ月で四キロも目方が増えてしまいました(笑)。明日から数日間のお盆休みで、がんばって体重落とすぞ！　では！

二〇一一年八月十二日
乾久美子

四信

乾さま

2011 8.18

山崎@八戸です。八戸の青年会議所が講演会に呼んでくれました。はじめての八戸。今では全国的に有名になった「Ｂ－１グルメグランプリ」は、この八戸で誕生したそうです。八戸と言えば「せんべい汁」。これを全国に知ってもらいたいと思った青年会議所のＯＢが、そのＰＲ方法として「Ｂ－１グルメグランプリ」という方法を思いついたそうです。つまり、せんべい汁のことを全国の人に知ってもらいたいなら、一生懸命せんべい汁をＰＲするのではなく、せんべい汁と同じような価値をもった「ご当地グルメ」に集まってもらって、その人たちにせんべい汁を知ってもらうのが得策だろう、という方針なのです。これは秀逸ですね。かくして、二〇〇六年にはじめてのＢ－１グランプリが八戸で開催されたそうです。このとき、全国から十種類のＢ－１グルメが集まり、八戸のせんべい汁もそれらの仲間入りをして知名度を獲得したそうです。一回目は一万七千人だった来場者も五年目を迎える二〇一〇年には四十三万五千人に増え、エントリーを希望するご当地グルメも四十六種類になったとのこと。ただ、残念なことに言いだしっぺの「せんべい汁」は一度もグランプリに輝いたことはないそうです（笑）。

さて、前回の手紙で話が政治に近づいたというのは、きっとコミュニティデザインに関する話題の宿命でしょう。ただし、実は僕も小難しい話を続けるのがあまり好きではないので、さらに突っ込んだ話は別の機会にしたいと思います。とはいえ、「いつ頃から山崎はそんな考え方になったのか」という点について答えようとすると、その理由の一つは少し小難しい話になってしまうかもしれません。それもなるべく建築の話に近づけて語るようにしてみます。

僕の考え方が今のようなものになったきっかけはいくつかあります。大学時代の恩師（増田先生*）の影響、就職した設計事務所の上司（浅野さん*）の影響、有馬富士公園のパークマネジメントに関する仕事をした際にお世話になった博物館の先生（中瀬先生*）の影響、阪神淡路大震災で経験したことの影響、オーストラリアのメルボルンに留学していたころに妹島和世さんとお話したことによる影響、大切な人を自殺で亡くしたことの影響など。以上が複合的に組み合わさって今のような考え方になったんだと思いますが、その他に建築や芸術に関係する影響もあります。そのことについて書きましょう。

ご多分にもれず、建築大好き学生だった僕もコルビュジエやグロピウスの思想

増田昇（一九五二〜）
大阪府立大学大学院生命環境科学研究科教授。専門はランドスケープ・アーキテクチャー、造園学。

浅野房世
東京農業大学農学部バイオセラピー学科教授。専門は園芸療法学。著書に『生きられる癒しの風景』（二〇〇八）など。

中瀬勲（一九四八〜）
姫路工業大学自然・環境科学研究所教授、兵庫県立人と自然の博物館副館長。

CIAM（Congrés International d'Architecture Moderne）
ル・コルビュジエやヴァルター・グロピウスをはじめとする近代建築の創始者たちが集い、一九二八年（第一回）から一九五六年（第十回）まで断続的に開催された近代建築国際会議。国際的な近代建築運動の拠点となり、機能性・合理性を重視する建築・都市計画におけるモダニズム普及の原動力となった。チームXにより一九五九年に解散。

に影響されて、建築におけるモダニズム病に犯されていたことがありました（笑）。となれば、理論的にはＣＩＡＭ*がどうしても気になる。世界に名だたるモダニズム建築家が一堂に会して議論し、ギーディオン*が議長として対話の場をコーディネートしているというとんでもない会議ですからね（笑）。アテネ憲章*にも興味があったし。そこで、ＣＩＡＭの第１回大会から順に何が話し合われたのかを調べていくと、当然行き着く先はチームＸ*なわけです。世界に名だたるモダニズム建築家たちに喧嘩を売った若者たちです。同じく若者だった僕としては感動するわけです。「かっこいい！」と。

チームＸのなかでは、スミッソン*夫妻もいいしバケマ*もいいけど、理論派だったアルド・ファン・アイク*に憧れるわけです。で、さらにアイクを追いかけていくと、仲良しだったコンスタント・ニーベンホイス*や、彼が一時期在籍したシチュアシオニスト*（状況主義者）の思想にたどり着きます。この状況主義者の考え方や、一時期はその思想的な背景を形成していたアンリ・ルフェーブル*の考え方に「なるほど！」と思ったんです。それまでは、アテネ憲章も含めて専門家が都市計画をつくりあげるものだと考えていたし、企業が商品をつくって流通させるものだと考えていたし、行政がまちを管理するものだと普通に考えていたのです

ジークフリード・ギーディオン
（一八八八〜一九六八）
スイスの美術史家。近代建築運動の理論的指導者として活躍。主著『空間・時間・建築』（一九四一）では、それまで建築を論ずる際に主題とされることはなかった「空間」の概念を用いてルネサンス以降の建築を論じた大著である。

アテネ憲章
一九三三年、ＣＩＡＭの第四回会議で採択された都市計画の理念。都市計画の鍵を「居住」「労働」「レクリエーション」「交通」の四つの機能とする明快な理論は世界中の都市計画に多大な影響を与えたが、後にその機能主義的理念は批判を受けることになる。

チームＸ
ＣＩＡＭの一員であったスミッソン夫妻を中心に結成された若手建築家グループ。ＣＩＡＭの機能主義的な理念を批判。その静的な建築・都市観に対して、成長パターンなどの概念を導入した動的な建築・都市計画を提唱。主なメンバーに、オランダのアルド・ファン・アイク、ヤコブ・バケマ、フランスのジョルジュ・キャンディリス、イタリアのジャンカルロ・デ・カルロなど。

が、それを繰り返していると提供側に都合のいいライフスタイルに押し込まれてしまう危険性があるし、どんどん市民がお客さんになってしまうし、何より自分から主体的に行動を起こさなくなってしまうことになる。それはマズイんじゃないかな、という気がしてきたんです。

じゃ、建築の設計はどうすればいいのか。個人住宅はまだ、施主との対話のなかで設計を進めていけばいいのですが、特に公共建築の設計はどうすればいいのか。ランドスケープデザインの主戦場である公園の設計はどうすればいいのか。誰の主体的な意見や行動を設計に反映させればいいのか。そんなことが気になり始めたんです。むしろ、公園の設計プロセスを通じて人びとが主体的に公共空間へと関わるきっかけをつくりださねばならないかもしれない。せっかく公園を設計するんだから、それをネタにして多くの市民にプロジェクトへと関わってもらい、関わったからには完成した公園で主体的に活動してもらおう。そんなことを考えたわけです。で、周りの人に「市民が主体的に活動することが大切なんだ!」なんてことを言っていたら、誰かに「山崎は左寄りだね」と言われた(笑)。「左って何?」と思って慌てて調べてみると、僕が生まれるずっと前に右だ左だという思想や政治のフレームができあがっていたということがわかった。かなり

スミッソン夫妻
イギリスの建築家(夫ピーター(一九二三〜二〇〇三)、妻アリソン(一九二八〜一九九三))。代表作にハンスタントン中学校(一九五四)、エコノミスト・ビルディング(一九六四)、ロビン・フッド・ガーデンズの集合住宅(一九七二)など。

ヤコブ・ベーレント・バケマ(一九一四〜八一)
オランダの建築家、都市計画家。主な作品に大阪万博オランダ館(一九七〇)など。

アルド・ファン・アイク(一九一八〜九九)
オランダの建築家。当時のシチュアシオニストたちとも交流するなど、同時代の芸術運動にも精通していた。代表作にアムステルダムの孤児院(一九六〇)、母の家(一九七八)など。

コンスタント・ニーベンホイス(一九二〇〜二〇〇五)
オランダの芸術家。前衛芸術運動「コブラ」の活動後、一九五七年から一九六〇年までシチュアシオニスト・インターナショナルに参加。

極端な理論や実践もあったことがわかった。こりゃマズイ、なんだか誤解されるかもしれないな、と思って、それ以後はシチュアシオニストとかルフェーブルの話は極力出さないように心がけました(笑)。

一方、議論をつくして進められた「左」の思想が、一九六八年にどうして敗北したのかも気になっていました。極端な主張を除けば、おおむね正しいことを言っていたはずなのに。そんなことを考えながら、公園で実際にパークマネジメントの仕事を進めてみると、活動している人たちがとても楽しそうだった。まねして僕も「生活スタジオ」*なるチームを立ち上げて活動してみたら、これまたとても楽しかった。あるテーマに特化したコミュニティをつくって、仕事とは別の立場でまちへと主体的に関わることがこんなに楽しいんだということがよくわかったんです。そこで考えたことは、小難しい議論を繰り返して「共闘しよう!」と鼓舞し合うより、「楽しい」「正しい」と思えることから順にどんどん実行しちゃう方がいいよな、ということ。もちろん、それが本当に正しいかどうかはわからないんだけど、とりあえず自分たちが正しいと思えることを楽しく実行する。その結果、誰か他の人たちから「どうもありがとう」と言われることになれば、さらに僕らは楽しくなる。そんなことを繰り返しながら、自分たちの活動を少しず

シチュアシオニスト
メディアが演出する消費社会（スペクタクル）を批判し、それを打破する状況（シチュアシオン）の構築を目指し活動を行った人々。一九五七年、フランスの思想家・映画作家ギー・ドゥボールやコンスタント・ニーベンホイスをはじめとするヨーロッパ各国の前衛芸術家が集まり、シチュアシオニスト・インターナショナルを結成。一九七二年の解散に至るまで、政治・芸術運動を展開した。

アンリ・ルフェーブル（一九〇一〜九一）
フランスの社会学者。著書『日常生活批判』（一九四七）はシチュアシオニストの活動における思想的基盤の一つとなったとされる。『パリ・コミューン』（一九六五）、『都市への権利』（一九六八）、『都市革命』（一九七〇）など多くの都市論も著している。

生活スタジオ
studio-L の前身。ランドスケープデザインに携わる若手実務者と学生とが集まって活動したサークル。参加者は十三人。この後、メンバーのうちの四人が集まって studio-L を設立することになる。

つ補正し続けるというのがいいんじゃないか、ということを考えました。
以上のようなことを考えたときに、自分が「うお〜」ってなっていたかどうかはわかりません(笑)。スーパーサイヤ人みたいに髪の毛が逆立って金色になっていたかどうかもわかりません。いや、もうすでに坊主だったかもしれません(笑)。ただ、以上のようなことが今のような仕事を始めるきっかけの一つだったことは確かです。それに、先にあげたいくつかの理由が複合的に絡み合って、「コミュニティデザイン」なんていう「食べていけるかどうかもわからないような分野」を専門とする事務所をつくってしまったわけです(笑)。

最後にお酒について。お酒については昔からダメですね。学生時代は体育会のラグビー部に所属していたので、飲まないわけにはいかないんですが、飲むとすぐに使い物にならない人になっていました(笑)。で、自分が高学年になったら即座に「飲みの強要」を禁止しました。以来、社会人になってこのかた、無理やり飲まされたことはありません。「ラグビー部のとき、無理やり飲まされて暴れまくったことがありましてねぇ」なんてことをほのめかしながら飲まないようにしています。うちの事務所のスタッフにはお酒が飲める人が何人かいます。負け惜しみじゃないですが、「あとは酒の席で」という話をするな、と伝えています。酒が入らないと本音が言えないとか、酒がないと本当の付き合いができないとかいう話になると、ワークショップの場が空虚なものになっちゃうからです。酒がなくても話し合うべきことは話し合い、理解し合う部分は理解し合うことができなきゃダメだ。「酒の席でないと本音が出ないから」なんてことを言うのは、自身のファシリテーション能力の低さを吐露しているようなものだ、とスタッフには言い聞かせています。会議やワークショップの後に飲みに行くこと自体は僕も好きですし、ウーロン茶を牛飲しつつご当地グルメを食べまくりますが、それはあくまでも本来の会議やワークショップを補完するものであるべきで、あまり飲み会にもたれ掛かりすぎると本会の参加者が減ることになりかねない、と考えています。

あともう一つ。飲み会でのボルテージはなるべく上げないようにしています。というのは、僕の仕事は本会のワークショップでボルテージを上げること。そこでたっぷりしゃべるし、身振り手振りでパフォーマンスもする。それなのに、その後の飲み会まで僕が盛り上がってしゃべり続けると、「またあいつが一人でしゃべっている」ということになります。だから、飲み会は極力黙って人の意見を聞いたり、相互の人間関係を観察する場だと考えています。それこそ、お酒が入って本音が出始めたあたりに本当の人間関係が見えてきます。そのとき、自分も酔っ払っていたのでは観察できません(笑)。その意味で、僕がお酒を飲めないこと、飲み会ではボルテージが上がらないことについて参加者のみなさんに了解してもらえると、その後の情報収集や人間観察がとてもやりやすくなります。

ああ、こんなことを書くと、「観察されるなら山崎と飲みに行くのは嫌だ」っていう人がたくさん出てくるかな(涙)。ご当地グルメを一緒に食べてくれる人が減るかなぁ…。

二〇一一年八月十八日

山崎亮

五信

山崎さま

2011 8.27

都市を「転用」する手法／形が美しく、仕組みが美しく、振る舞いが美しいこと

先週末の延岡での市民ワークショップお疲れさまでした。その後の大分までの夜間ドライブ、無事到着できましたでしょうか。

私たちは、翌日から二日ほどかけて、熊本やら鹿児島やらといろいろまわりました。市役所の方々に「これ、無茶ですよ」と言われたスパルタ的旅程だったのですが、スタッフ山根の広島仕込みの運転技術によって、すべての物件の視察を済ますどころか、旅程に組み込んでいなかった青木淳さんの馬見原橋*まで見ることができました。しかし、ぶっ続けに運転する山根に「あの、私も免許もっているし、交代できるよ」と何度も言ってみたのですが、「いや、いいっス」と断られ続けたのがショックでしたね。ありがたい話ではありますが、山根の固い表情が「社長の運転は怖いんで勘弁してほしいっス」というメッセージを伝えていましたからね(笑)。この間、両親と伊豆を車でウロウロしたときも、父は、結構な歳にもかかわらず、私にハンドルをにぎらせまいと必死に運転していましたし(笑)。そんな風に車での遠出の多い夏だったのですが、助手席にちんまりと座りながら、私が郊外に住んだら買い物弱者になるんだなあと思ったりし

馬見原橋
建築家青木淳（一九五六〜）設計、上を車と歩行者、下を歩行者専用とする唇形の橋。熊本県と宮崎県の県境に近い蘇陽町にある。

統一的都市計画
シチュアシオニストの重要理論の一つ。様々な実験的行動とダイナミックに結び付いた環境の完全な構築に寄与する芸術および技術の全体の利用の理論。

ました。

さて、前回の手紙もいい話題が出ました。シチュアシオニストらの活動は、前衛芸術運動でありつつも過激な政治運動でもあったみたいですね。そのために「政治の季節」以降は下火になったものの、スペクタクル社会へ抵抗するための「転用」という日常生活を改変するための手法、また「漂流」という都市を二重化するまなざしなど、その後の芸術や文化に影響を与えた概念を世に送り出したのかと思います。当時彼らは近代都市計画批判を繰り広げ、建築家や都市計画家を攻撃したようですね。その方法論として「統一的都市計画」*を提唱し、メンバーの一人であるコンスタントは「ニューバビロン」*という概念的な計画を世に問うことをした。

この「ニューバビロン」、住民自体が常にカスタマイズし続けることのできる仕組みをもつということで、中世に形づくられた都市構造ｏｒニュータウン計画という二択しかないヨーロッパにおいては、都市に対するカウンターアイデアの輝きを放っていました。しかし、日本（もしくはアジア）のように、都市そのものが民間の手によってカスタマイズし続けられることが当たり前の国においては、

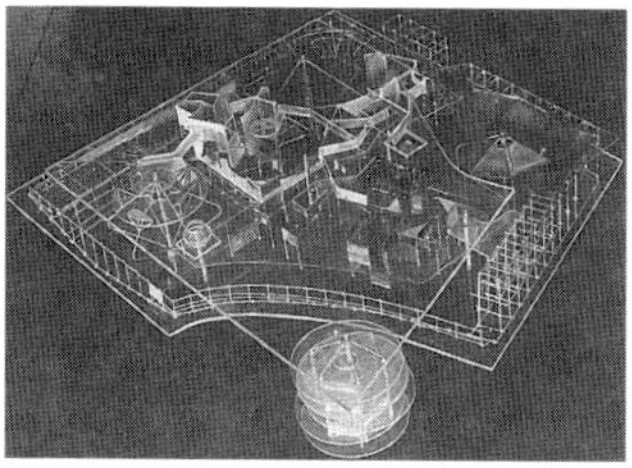

ニューバビロン（一九五六〜七二）コンスタント・ニーベンホイスによる仮想の都市モデル。ヨーロッパの既存都市の上空に、軽量鉄骨の架構によって地上から十六メートル浮遊させた網目状の都市を構想。「ニューバビロニアン」と呼ばれる住人たちは固定した住居を持たず、流浪生活者（ノマド）として漂流生活を行い、それに伴い都市は拡大縮小を続ける。（図出典：Mark Wigley, *Constant's New Babylon The Hyper-Architecture of Desire*, 010 Publishers, 1998, p.88）

カスタマイズというアイデアを現実のものとするアイデアの建築的儀式性の方が目立ってしまい、「結局、これも、上から目線なんじゃないの」という印象のものにとどまっているように感じます。批判される計画側からすると、批判する側のなかに存在する矛盾はとても気になるわけで、「ニューバビロン」はそうした意味で、計画者にとってアンビバレントな存在なのではないでしょうか。

面白い話があります。去年のヴェネチア・ビエンナーレで北山恒[*]さんら日本チームが発表した「トウキョウ・メタボライジング[*]」では、メタボリズムの乗り越えのようなアイデアが提示されました。道路などのインフラを見えないコアとしながら都市をカスタマイズし続け、新陳代謝し続けている東京の現実が、都市に対する知的な解決方法として紹介されたのですが、シチュアシオニズムとも親和性の高いメタボリズムのある種の挫折を、私たちの経済活動がいつの間にか乗り越えていたというわけです。私たち日本人は、教育されるでもなく自然に「ニューバビロニアン」になってしまっているのみならず、生活者だけでなく、計画者ですらその一員になっているところが面白いです。この考え方を本で読んだとき、なんだか痛快な気持ちになりましたよ。やった、ついに計画者もニューバビロニアンの仲間入りだ！というわけです。そんな風に、半世紀を経た今でも、シチュ

北山恒（一九五〇〜）
建築家。主な作品に保谷本町のクリニック（一九九三）、白石市立白石第二小学校（一九九七）、洗足の連結住棟（二〇〇六）など。

トウキョウ・メタボライジング
二〇一〇年に開催されたヴェネチア・ビエンナーレ国際建築展における日本館のテーマ。二十六年周期で新陳代謝しつづける東京を二一世紀の新しい都市モデルとして捉え、その可能性を追求した。

アシオニズムが突きつけたさまざまな課題は、計画的、文化的にいまだまだまだ検討する必要があるのかもしれません。

かつてランドスケープデザインの実務者であった頃の山崎さんは、シチュアシオニズムに対して、計画者的な、ねじれた感情をもっておられたのかもしれません。でも、今の山崎さんの立場はもっと素直なのだと思います。まさに都市を「転用」せんがために、生活者をオルグしているわけですからね(笑)。ただ、すでに明言されていますが、彼らとの違いは、政治的意志のなさですよね。言い換えれば、かつて体制的と言われていたものの構造的欠陥があからさまになったこの時代において、反体制的思想のなかで編み出されたさまざまな概念が、政治性と無関係に自然と召還されている、その現れの一つとして山崎さんの活動を位置づけるのがいいのかもしれません。

で、シチュアシオニズムに影響をうけた「転用」という概念は山崎さんの活動の根幹なのだと思います。山崎さんは、今、マスメディアにも大人気の状態ですが、取り上げられ方はヒューマニズム的な側面に偏ったものになっていますよね。ヒューマニズム的側面はもちろん素晴らしいのですが、私はそれ以上に、シュチユアシオニズムなどの概念に興味をもつ山崎さんの美意識に着目したいと考えています。というのも、都市の「転用」という手法のなかに見出される文化的可能性、そしてその美について共有することが私たち計画者との重要な接点であり、その接点があってはじめて、計画者と転用者の実のある協働が可能になると思うからです。都市を「転用」すると言ったときのドライブ感を共有することが重要なのかと思っているわけですね。同年代ならば、ちょっとかわいいTシャツ、そしてゲイ・カルチャーをほうふつとさせるボーズ頭という山崎さんのいでたちから、ソフトなカウンターカルチャーとしてのコミュニティデザインという雰囲気はつかめて、それに対してシンクロするようなデザインを提示することは可能な気がします。でも、ちょっと世代が変わると事態は変わるかもしれませんね。エッ、俺、こういうの無理!みたいなデザインが出てくるかもしれませんよ。ただ、山崎さん的な考えでいけば、形はどうでもいいということなのかもしれません。山崎さんはメタな存在ですからね(笑)。

それからチームX。これまたなつかしいようでいて、なんだかすごく現代的なような気のする話題ですよね。チームXがCIAMで演じた破壊力、また、既存の都市の隙間に浸透するというような計画概念を提出したのはすごいけど、例えば「ゴールデン・レイン計画」*のように、機能に取って代わって主題化された街路、地域という概念の計画的現れが、結局、地面から高々と持ち上げられた片廊下であるという逆説に違和感を覚えるわけです。さらに、時代の要請もあるのでしょうが、けっこう巨大な建築を提案しつづけていたことにも決定的に私たちの感覚と異なっている何かを感じます。ただ、「場所の感覚をつくりだす」という、今でも設計をするうえで中心的な課題を生み出したという彼らの業績には共感を覚えます。巨大建築系ではなかったアルド・ファン・アイクは現代の私たちの感覚に近く、親近感を覚えやすい存在だと思いますが、そのあたりは別の機会に。

二〇一一年八月二十七日

乾久美子

＊ゴールデン・レイン計画（一九五二）スミッソン夫妻による集合住宅の設計案。三層ごとに配された空中街路により各棟が結び付けられた高層アパートの計画であった。ニーベンホイスのニューバビロンの制作に影響を与えたとされる。

五信

乾さま

2011 8.29

山崎@甑島《こしきじま》です。今日の移動は曲芸的でした。乾さんの宮崎、熊本、鹿児島の移動に匹敵するような「ニシエヒガシエ」でした(笑)。朝四時に自宅を出て、芦屋から東京の表参道まで移動。そこで「visions」というシンポジウムに出て、終了後はすぐに羽田へ移動。そこから鹿児島空港へ向かい、バスで鹿児島中央駅へ移動して串木野駅へ。駅から港へ移動してフェリーにて上甑島へ。夕方から「甑列島会議」でお話して、夜中三時まで会議参加者と一緒にわいわいやってホテルまで戻ってきました。その間、僕もまた乾さん同様、ずっと運転手付きの移動だったのでたっぷり睡眠を取りました（笑）。と言っても、すべて公共交通機関だったというだけなんですけどね。たまに「山崎さんは交通が不便な中山間離島地域を回っているのに、どうしてクルマではなく公共交通機関を利用するんですか？」と聞かれることがあります。「環境に配慮しているからですか？」とか「まちの人たちとの交流を大切にしているからでしょうか？」と深読みしてくれる人がいるのですが、単に本を読んだり寝たりできるから楽なんですね。ただそれだけです(笑)。移動中の僕はほとんど読書か睡眠にふけっています。

さて、乾さんがシチュアシオニストとチームXの話題から重要なテーマを引き出してくれました。一つは「理論は立派なんだけど形になった瞬間にがっかりする」ということ。これは上記二つの運動体に限った話でなく、他の建築家が提示する未来像とその具体的な形にも共通するところですね。メタボリズム*にしても、理論はとてもわくわくするものだったし、細胞分裂のメタファーはかなり動的なものだったわけですが、実現した建築物を見ると「あ、こうなっちゃったんだ」という結果でした。ハードとソフトの組み合わせという意味では、建築物のコアが大地に固定されていて、そこに張り付くサブユニットがさまざまに交換できるという点が魅力的でした。トイレ、和室、ベッドルームなどが量産されて、それぞれがクレーンでコアに取り付けられ、あるいは取り外され、中古の部屋を購入した人のところに運ばれる。引越しも部屋ごと運べばいい。細胞分裂のように滑らかではないにせよ、なんとなく都市が新陳代謝しているような感じがします。若干不器用なイメージはつきまといますが。ところが実際にはソフトの方が動かなかった。交換されるべき部屋の市場が生まれなかったため、和室や子ども部屋が売買され、交換されることなくメタボリズム建築は古びていったわけです。そ

メタボリズム
菊竹清訓（一九二八～二〇一一）、黒川紀章（一九三四～二〇〇七）ら日本の建築家・都市計画家グループが開始した建築運動。都市や建築を変化するダイナミックな過程として捉え、生物学とのアナロジーにより構想した。

うなると、見た目はやはり建築物であり、何年待っても新陳代謝しない。もちろん、一般の人はその建物がそもそも新陳代謝を前提として建てられたことなど知らないので、古びた建物を見て「そろそろ建て替え時かな」と思っちゃう。それを聞いた建築家たちは「なんてもったいないことを言うんだ。あのメタボリズム建築を建て替えるとは。やはり住民は無知だ。文化の度合いが低い」なんて話になる。勢い、「だから住民参加なんてやっても無駄なんだ。そもそも住民は無知なんだから」という話にもなる。でも、本当は建築家が示したビジョンには住民の共感がとても大切であり、コミュニティの賛同がなければ進まないものである場合が多いんですよね。

メタボリズムにしても、ハードとソフトが両方とも住民抜きで語られている。変化しないコアと変化するサブシステムとの組み合わせでハードを考え、サブシステムを交換するマーケットを生み出すというソフトを考えているわけですが、そこには住民の主体的な活動がほとんど含まれていない。どんなコミュニティを生み出すべきなのか。合意形成の場をどう構築するのか。住民はどんな役割を担うのか。そのあたりの仕組みも含めて提案しなければ、建築家が思い描いていたビジョンは実現しないことが多い。ハードウエアとソフトウエアに加えて、オルグウエアとでも言うべき「コミュニティが関わるシステム」を構築しておかなければ（あるいは現実にコミュニティのなかに入っていって人びとと話し合い、調整する人がいなければ）、建築家が描く将来のビジョンはとてもわくわくするのに、それを形にした瞬間に「え？　そうなの？」というがっかり感ばかりを積み重ねてしまうような気がします。シチュアシオニストが提案した「ニューバビロン」は、ハードとソフトの提案だけでなく、まちづくりの方向性について話し合う協議会の存在が重要だと提案されていましたが、それも誰がどのように協議会を運営するのかなど、具体的な仕組みが示されていなかったために実現性は低かったように思います。まぁ、そもそもあの提案は既存の都市をいったん諦めて、空中に理想的な都市をつくることによって既存の都市に刺激を与えるという提案だったわけですし、労働はすべて機械化されているということが前提だったわけですから、すでにかなり実現性に欠ける提案だったのですが（笑）。

　繰り返しになりますが、建築家が提示する都市像はいずれも魅力的なものです。*ガルニエの工業都市の時代から、常に「健康的な労働」と「笑顔に満ちた家庭」と「良質なコミュニティ」が描かれています。ところが、それを具体的な建築の形として提示したとたん、人の姿が消えます。「建築家というのはモノの形を提

トニー・ガルニエ（一八六九～一九四八）
フランスの都市計画家・建築家。一九〇一年から一九〇四年にかけて設計された「工業都市」はバロック的都市計画を克服した最初の都市計画とされており、近代都市計画の先駆者として位置づけられている。

ガルニエの工業都市案（出典：Tony Garnier, *Une cité industrielle*, Auguste Vincent, Paris, 1918, p.164）

案するだけではなく、未来の生活を構築する職能だ」と言いながらも、結局は形しか提示しない。あるいは形と連動したマーケットのシステムしか提示しない。モノとそれを回す仕組みしか提示していないわけです。そろそろ人の話をしてもいいのではないかと思います。人と関わるのは怖いことかもしれませんが、直接市民のなかに入っていって、彼らと対話しながら都市の未来を共有し、みんなで動き出さねばなりません。建築家はその能力をもっていると思います。そうでなければ、ＣＧを使おうがアルゴリズムを使おうが、モノの形を提示するだけに留まっているという点においてこれまでとさほど変わらない態度であり、依然としてモダニズムとほとんど変わらないことをやっているように見えます。その結果もまた同じようなことになってしまうことが多いような気がします。

前回の手紙で乾さんが提示してくれたもう一つのポイントが「美しさが他者との接点をつくりだす」ということです。ご指摘のとおり、僕は形が美しいこと、仕組みが美しいこと、人の振る舞いが美しいことはとても大切だと考えています。美しさは人の共感を呼ぶからです。「いいことやってるんだけどダサいよね」というのはもったいない。いいことやってるんだったら、他の人も「いいね！」と思うようなアウトプットにすべきだし、自分も関わりたいと思えるような美しさをもつべきだと思うのです。例えば、まちづくりワークショップのチラシが、薄い水色の紙にモノクロで印刷した「わくわくワークショップ」なんてものだったら、そのチラシを手に取りたいとすら思えない(笑)。ワークショップの結果を市民に報告するニュースレターのデザインも大切。プロジェクトのウェブサイトのデザインも重要です（今まさに延岡のプロジェクトで議論になっていますね）。

コミュニティは、その周辺に閉じた印象を与えやすいものです。人びとが集まるために求心力が必要ですから、油断すると内向きの力が働き過ぎて、外部からは参加しにくいものになってしまいます。それを開くために重要な要素が「美しさ」であり「共感」なのです。自分も関わってみたいと思えるような美しさが大切です。その美しさは、僕にとって美しいかどうかではなく、僕の個人的な好みを超えて多くの人が「いいね！」と思えるかどうかが重要です。人びとの行動を生み出すための美しさなのです。

その意味で、空間の美しさも大切です。住民が自ら活動するきっかけを生み出そうと、僕たちは日々努力しています。ワークショップの楽しさも大切ですし、参加者同士が仲良くなることも大切です。お互いの信頼関係を築くことも大切ですし、市民がやりたいと思っていたことを実現する舞台をつくることも大切です。そのなかで大切な要素が、活動する空間が美しいことなのです。建築家がモノの形にこだわりすぎて住民が介在しない都市をつくろうとするのがマズイのと同様に、コミュニティデザイナーが住民の人間関係にこだわりすぎて空間の美しさをないがしろにするのは良くないことです。まちで活動しようとするコミュニティにとって、自分たちが活動する舞台が美しいものであることは大切なことです。美しい空間が示されたとたん、彼らのテンションはかなり上がります。他の方法ではなかなか到達しなかったようなテンションまで上がることもあります。美しい空間であることによって、多くの人が共感し、その場所に関わりたいと思う。この力は大きなものです。だからこそ、僕は建築家がその形を存分に実現できるようにしたいと思っています。住民の意見を尊重しすぎて「これは住民の意見なんですよ！」と建築家に迫る人がいますが、これは得策ではない。その住民の意見は、そこに参加している「一部の住民の意見」なのですから、さらに多くの人たちが活動に参加するためには、より多くの人の共感が得られるような美しさを伴った空間をつくりだす必要がある。そのためには、建築家に思い切って空間を提案してもらった方がいいわけです。その結果、すでに活動に参加している住民も満足し、まだ参加していない人も参加したいと思えるような空間を生み出すことが大切です。

そのことが、結果的に「計画者」と「転用者」との接点を生み出すことになるんだろうと思います。その意味で、僕にとって「え、オレ、こういうのちょっと無理」というデザインが出てきたとしても、その場所を転用して使いこなそうとする市民が共感する美しさをもつ空間なのであれば、僕はそれでいいだろうと思います。僕がメタな存在だというご指摘のとおり、その地域に住んでいるわけではない僕の好みで空間の美しさを談じる必要はないのですから。

二〇一一年八月二十九日

山崎亮

六信

山崎さま

2011 8.31

ワークショップにおける形（ゲシュタルト）の提案について

今日は延岡のプロジェクトについて具体的な質問です。今後のワークショップの進め方について、醍醐さん(studio-L)×海老原さん(延岡市)×乾事務所の山根の三者でやり取りしているところだと思います。そうしたなかで、私なりに延岡で展開されているワークショップについて質問が出てきました。市民ワークショップというものを構造的に理解すべく、素人ながら手当たり次第に読書中なのですが、そのなかでたまたま手にとったランドルフ・T・ヘスター『まちづくりの方法と技術』を読んでいて、これは往復書簡にぴったりなネタではないか(笑)というものを見つけましたので、以下、質問いたします。

それは、いわゆる「参加型のデザイン」は延岡で採用しないのか？というものです。山崎方式を見ていますと、その場所を使うプロとしての生活者を想定、アクティビティにしぼった質問とすることを特徴としています。それに対して従来では、その場所を「知っている」生活者を想定し、まちのイメージなどについて質問して計画に反影させるものが多いのかと思いますが、今回の延岡ではこの後

『まちづくりの方法と技術』（ランドルフ・T・ヘスター&土肥真人共著、現代企画室、一九九七）

者のような方式のものをまったく行わないのかどうか知りたいです。山崎さん著の『コミュニティデザイン』の中にある家島の例で面白かったのは「生活者＝意外と地元の魅力が見えていない」という構図です。これは日本だけでなく多くの場所で見られる傾向なのかと思いますが、そうした事情から山崎さんは延岡でも「まちのイメージ」などに対して質問することはあまり重要ではないと考えておられるのかと想像しています。いかがでしょうか。

で、今、乾事務所は後者のような意見の不在を埋めるべく、これまでの市民アンケートを読み込むこと、延岡で出会う方々がもっている延岡のイメージをできるかぎり聞き取ること、自分たちの想像力を駆使しながら延岡というまちを捉えることなどを努力しているのですが、果たしてこれでいいのかなあという気持ちもちょっとあります。この状態について、山崎さんのご意見を頂戴したいです。このままで良いのか、後の市民ワークショップでイメージ聞き取りをするのか、そもそも延岡市のような規模のまちでイメージを聞き取ってもあまり効果がなさそうなのか、そのあたりのお考えをお聞きできればありがたいです。

それから、『まちづくりの方法と技術』92ページについてです(具体的すぎ)。ワークショップ的「ゲシュタルト」とは何かということが書かれていて、この本のなかでも特に面白いところです。今、私たちが延岡駅の整備方針として提案している「ちらし寿司モデル」*は、本にあるように〈多様な人びとの多様な要求を同時にぶら下げておける「デザインの上着掛け」〉になっているので、ランドルフ・T・ヘスターが言うところのゲシュタルトに当たるのかと思います。ワークショップには不慣れなものの、こういうモデルの存在が必要に違いないと思って進めていたので、建築家としての勘があたって嬉しいなあとホクホクしながら読み進めていたら、95ページにゲシュタルトは二種類用意せよと書いてあって「おおっ!?」となりました。

　実を言うと、今、提案している「ちらし寿司モデル」はほんの一例のつもりで提出したのですが、ワークショップでの意見を盛り込んだり、庁内や駅まち会議での調整を乗り越えたりするためにプロジェクトのスキームを単純化するなかで、一例でしかなかった「ちらし寿司モデル」がそれ以外にないもののように取り扱われつつあることに、少しばかり違和感を感じていたところで、ゲシュタルト二種類というアドバイスが奇妙なリアリティをもって私の前に立ちはだかっているのです。とはいっても「ちらし寿司モデル」が意外と延岡でのいろいろな課題に応えるためのポイントを押さえているのも確かで、どうすればいいのかなあと思

*ちらし寿司モデル
改札や待合所など従来の駅の機能をできるかぎり分散的に配置し、その間をぬうように市民活動スペースを配置しようというアイデア。それにより市民活動による心地よいざわめきが駅のイメージを向上させることを期待している。

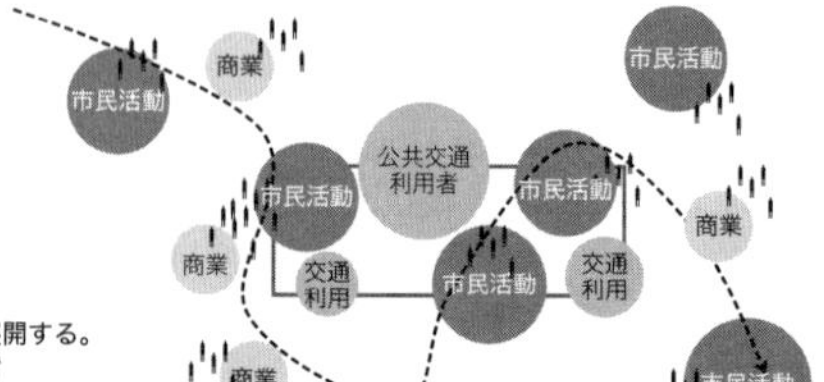

市民活動をまちへも展開する。
来街者が増えることで
まちの回遊性が向上し、
商業が活性化する１つの要因になる。

案しているところです。どうなのでしょうね。市民の合意を得るためにもう一つ「ゲシュタルト」をつくるということにどういう意味があるのか、解説いただければありがたいです。

ご回答よろしくお願いします。

二〇一一年八月三一日

乾久美子

六信

乾さま

2011 9.7

お待たせしました。ヘスターの本をやっと開きました。実はヘスターの本は、はるか昔に少し読んだことがあるくらいで、ほとんど最近は開いたことがありませんでした。そのイメージが「ものをつくるためのコミュニティデザイン」という印象だったからです。ご存知のとおり、僕の場合は「ものをつくらないコミュニティデザイン」という仕事が多くなってきているので、活動自体をデザインするコミュニティデザインなどの場合、この本に書かれていることがあまり役立たなかったりするからです。が、改めて読み直してみると、かなり興味深い方法が示されているなぁ、と感じました。僕らもプロジェクトに関わるときはまず人の話を聞きに行くし、自分で答えをもっていったりしないし、彼らができることを増やして立ち去ろうとする。このあたりの態度がとても近いなぁ、という気がしました。

延岡の案件は「ものをつくる仕事」でもあるわけですから、乾さんがヘスターの本を読むというのはとてもいいことだと思います。僕がコミュニティデザインをやり、乾さんが設計をやるとすれば、その間にあるのがきっとヘスターの本なんだろうと思います。ただ、僕はヘスターがやらなかった方のことに力を入れてしまっていますので（チームビルディング[*]など）、少しずつずれた発言をしてしまうかもしれません。その点はご容赦ください。

さて、一つ目の相談ですが、地域のイメージについて生活者から意見を聞くというプロセスは、今後も積極的にはやらないつもりです。もちろん、このまちの特長と課題を聞き出すことはしますし、将来、まちがどうなればいいと思うのかという夢も語ってもらいます。が、「このまちのイメージは…」ということを市民に聞くと、いずれ建築物の色や形の話につながってしまう。だから、聞き方に注意しながらも、まちの将来像などについては聞いていきたいと思っています。ただ、「延岡は水と山と工場のまちだから、青と緑とグレーの駅舎にしてほしい」なんて話にならないように注意が必要だと思っています。

二つ目の質問ですが、ゲシュタルトを二つつくれという話は可能性を戦わせるためのスタディだと思いましたがいかがでしょう？　もちろん、その二つを止揚したような空間をつくることができればいいわけですが、これはきっと永久に続くゲシュタルトの重ね合いになりそうです。ちらし寿司モデルは確かに多様なニーズを実現させることのできるうまいゲシュタルトになっていると思います。た

[*] チームビルディング
ある目的に向かって、異なる経験・知識・スキルなど有する複数のメンバーが一丸となって活動していくために、実力を最大限に発揮できる組織づくりを行うこと。

だ、もう一つ、まったく別の可能性に基づいたゲシュタルトをつくりだして、それをちらし寿司にぶつけてみると見えてくる別の空間像があるだろう、ということをヘスターは言っているんだろうと思います。だとすると、この作業はほとんど永遠に続くことになり、さらに別のゲシュタルトを、という話になりますよね。高齢者のニーズに基づくゲシュタルトの次はこどものニーズに基づく…そしてビジネスマンのニーズに基づく…と。ちらし寿司モデルというのは、直感的にそれらのニーズをバランスさせたようなゲシュタルトを空間化したものになっているのではないか、という気がします。

もし可能性があるとしたら、今後ワークショップを進めるなかで、いろんな意見が出てきて、新たな意見によってこれまでの問題構成のゲシュタルトが少しずつ姿を変えていくということはあり得るかもしれません。そうすると、いつかちらし寿司モデルでは説明しきれない話が出てくるかもしれません。そのときに別の可能性から生み出した空間を差し込んでおいた方がいいのかどうか。そのあたりは検討が必要でしょうね。

ヘスターの表現とは違いますが、僕が以前から乾さんにお願いしているのは以下の点です。

①ワークショップの参加者から洋風や和風、色や形の好みなど、具体的な空間のイメージは聞かない。

②建築設計のプロとして、参加者の「やりたいこと」を中心にゲシュタルトを構成し、それを満たす空間を準備してほしい。

③ただし、参加者のニーズだけを集めたような空間にすべきではない。ワークショップの場にいなかった人たちも快適に使えるような空間になるよう、建築家の心のなかにある大いなる公共性を信じて、「その他の人」が求める空間もそのなかに入れ込んでほしい。

ヘスターのやり方と決定的に違うのは①の部分だろうと思います。これは何度か設計について住民の意見を聞いてみた結果の判断です。アメリカのように三年くらい設計のためのワークショップができるのなら、かなり時間をかけて参加者の理解力を高めていくことができます。が、日本ではデザインワークショップにそれほど時間がかけられません。だから①については参加者の好みを聞くワークショップにはしない方がいいと思っています。一方、②は行動に基づく空間形態の提示であり、これはコミュニティの人たちの意見が元になってつくられるものです。これが一つ目のゲシュタルトと、それに基づく空間形態なのでしょう。③

は、その場所に居なかった人たちのことも想像しながら設計をさらに開いていくというプロセスでしょう。ひょっとしたら、これがヘスターの言うところの二番目のゲシュタルトなのかもしれません。ワークショップの場に来られなかった人のニーズや、まだ生まれていない将来世代のニーズなど、多様なニーズを想定しながら設計を進めてもらうことが重要だと思います。もちろん、これは建築家がこれまで公共建築でやってきたことですから、特別なことをお願いしようとしているわけではありません。

僕の考えは以上のようなものです。色や形について住民から意見は聞かない。むしろ、具体的に自分たちがその場所でやろうとしていることを聞き出して、そのための空間を実現させ、言ったからには活動するようにと各人に呼びかける。さらに、設計プロセスには参加しなかったという人でも楽しむことができる空間にする。以上のようなことを考えています。

ではでは！

二〇一一年九月七日

山崎亮

Nagaoka.☆

一九五九（昭和三十四）年　大野記念館ができる
大野甚松氏の偉業をたたえ
記念室などをつくった。
一九五八（昭和三十三）年　厚生会館ができる
体育・産業・文化の複合施設が
市民文化を多様にした。

追伸

隈研吾さんが設計された「アオーレ長岡」へ行ってきました。長岡市役所の機能も入っている複合的な建築物ですが、特徴的なのはまちに開いたナカドマ空間ですね。さまざまな市民活動が想定された屋根つき屋外空間です。建物の中央にこうしたフリースペースを設けるとともに、建物内外各所にも活動スペースが用意してあります。また、活動スペース近くには木板によるパネルが人間のスケールに合わせて貼り付けてあり、市民が活動する際に活用できそうな設えとなっていました。実際、ファッションショーやファーマーズマーケットなど、市民による活動も行われているようですので、設計段階から市民の参加があって活動が醸成されていたのかもしれません。今後、市民がこの施設をどう使いこなすのかが楽しみです。

山崎亮

秋の手紙

生活者と設計者のコミュニケーションについて

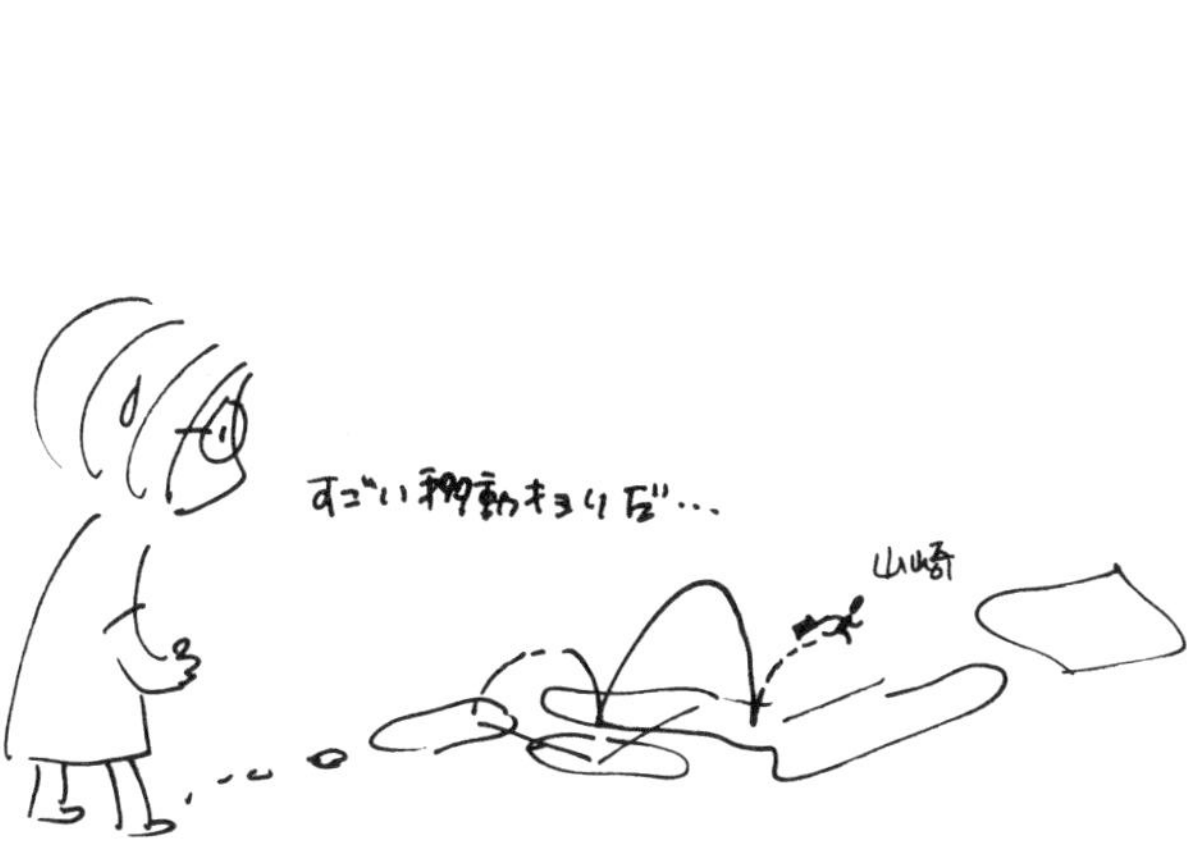

七信

山崎さま

2011 9.10

昼間は暑いものの、朝晩はずいぶんすずしくなってきて毎日ニコニコしています。秋はいいですよね。でも秋には悲しい点が一つあって、それは、植木屋さんがまちのあちこちで活躍することです。

彼らは秋になると、夏の間に成長した枝をどんどんトリミングしていくわけですが、その様子を見るたびに、ああ、もうちょっと残してほしいのに…と思ってしまいます。特に最寄りの駅前通りの街路樹は悲惨なんです。プラタナスなのですが、毎年、この時期にすべての枝が切り払われて、マッチ棒のような姿をさらしてしまう。それまでフサフサしたロングヘアを誇っていた美男子がとつぜん丸刈りにされたような感じ(?)で、その情けなく豹変した姿を見ると赤面すらしてしまうほど。あ、丸刈りを例に出すのは山崎さんにはダメでしたか(笑)。それでも次の年の七月頃には立派な枝振りをもつ樹木らしい姿に回復して毎年ほっとするのですが、なかには死に至って幹が茶色に変色しているものが放置されていたりして心が痛みます。それに、繁殖力のあるプラタナスはまだいいのですが、そうでないような繊細な木が手荒な枝の払われ方をするのを見ると、あらあら大丈

松村秀一（一九五七〜）
東京大学大学院工学系研究科建築学専攻教授。専門は建築構法、建築生産。著書に『「住宅」という考え方』（一九九九）、『建築とモノ世界をつなぐ』（二〇〇五）など。

大野勝彦（一九四四〜二〇一二）
建築家。一九七〇年に、積水化学工業と共同でプレファブリック住宅「セキスイハイムM1」を開発。著書に『現代民家と住環境体』（一九七六）、『七つの町づくり設計』（一九九七）など。

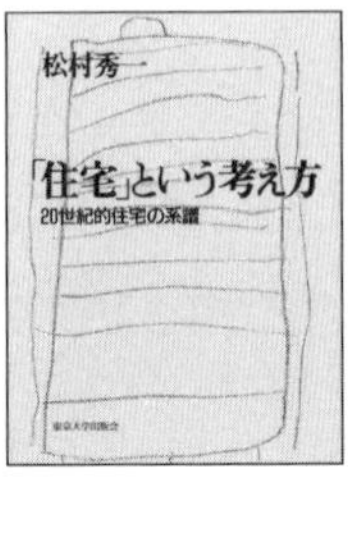

『「住宅」という考え方』（松村秀一編著、東京大学出版会、一九九九）

夫かしらと思ったりして。アジアの街路樹みたいに、モサモサ〜っとうっとうしいぐらいの存在感で道を覆っている方がいいと思うのですが、潔癖性の日本人には合わないのでしょうか。街路樹とか緑の価値の共有の意識もまた自然には発生しないわけで、何かしらの仕組みが必要なのでしょうね。

さて、前々回の話題に戻って、しつこくニューバビロンやらメタボリズムあたりの話を続けます。建築生産の研究者である*松村秀一さんの本（『「住宅」という考え方—20世紀的住宅の系譜』）では、建築生産のシステム化・ユニット化には二つの方向があることが指摘されています。「クローズド・システム」と「オープン・システム」です。日本でのクローズド・システムは*大野勝彦さんの*セキスイハイムM1（一九七〇）が代表例で、大量生産、工業化という課題を独自のモジュールを伴ったシステム化によって解こうとしたものです。六〇年代のメタボリズムは、この時代に熱く議論されていたM1的な建築生産の工業化を、いち早く、実現性ではなく象徴論的なレベルで展開した例なのかと思いますが、以前の手紙（第五信）にあったとおり、その拡張・更新の実現性が難しいものでした。レゴブロックはダイヤブロックと組み合わせることができないように、拡張性がシス

セキスイハイムM1
セキスイハイムの最初のモデル。基本設計・システム開発を建築家の大野勝彦が担当した。「日本におけるDOCOMOMO一五〇選」で工業化住宅として唯一選定されている。（写真提供：積水化学工業株式会社 住宅カンパニー）

テマチックであればあるほどその閉鎖性が際立つという問題を抱えていたわけですね。

一方オープン・システムは、H型鋼、Cチャンネルなど、ある規格を守って生産され、市場に流通する部品でつくっていく方法です。その代表例はイームズ邸*（一九四九）ですね。イームズ言うところの「オフ・ザ・シェルフ*（既製品）」という概念が、実現性と象徴性と共に現前している希有な建築です。M1やメタボリズムのデザインが古びた時代性を感じさせることに対して、イームズ邸はいつまでたっても現役な感じがします。そこで使われている部材のどれもが、今でも流通しているものであることが効いているのでしょう。イームズ邸と現代の建築生産は地続きでつながっており、そのことは、あのたたずまいに素直に気持ちよさを感じることに結びついているのではないでしょうか。で、わざわざ手元の書籍で確認しながら年を書き添えてみたわけですが、イームズ邸がメタボリズムより十年も早い時代に完成していることに、改めて驚きませんか。M1やメタボリズムは確かに、より早く、よりシステマチックにという課題においてイームズ邸を乗り越えたのかもしれませんが、一方でその商業的・建築論的な成功は、五〇年代に広い汎用性と共にある程度の達成を見せたはずのオープン・システム的な

イームズ邸（一九四九）
イームズ夫妻（夫チャールズ（一九〇七～七八）、妻レイ（一九一二～八八））設計の自邸。雑誌『アーツ・アンド・アーキテクチャー』主催のケース・スタディ・プログラムにより建設されたケース・スタディ・ハウスのうちの一つ（CSH#8）。

オフ・ザ・シェルフ（既製品）
イームズ夫妻が自邸で採用した、すべての建築資材をハウスメーカーのカタログから取り寄せる建築方法。

工業化の可能性の広がりに対する障害物になってしまったのかもしれません。当時、システムの精緻化に伴う弊害は意識されていたのでしょうか。
　山崎さんはメタボリズムの挫折に「住民の不在」「使い続けるシステムの不在」を見ていますね。それは正しい指摘だと思いますが、それ以前に、建築生産と更新システムの閉鎖性という構造的な欠陥も無視できないのかもしれません。つまり、仮に六〇年代に山崎さんがファシリテーターとして存在し、とてつもなく統制のとれた「スーパー住民」の一団をデザインできたとしても、メタボリズム的な閉鎖系の新陳代謝のシステムであるかぎり、その生産・更新には限界があるわけです。システムが特殊すぎて運用することに労力がかかりすぎる。そこには、空中に浮いて地面に接することをしなかったニューバビロンと同じ根をもつ問題が存在するような気がしていますが、それは私のベタすぎる解釈なのかもしれません。

　さて、この閉鎖系と閉鎖系。これは建築の生産・更新だけに関わる問題ではありませんね。仕組みのデザインもまた、クローズド・システムなのかオープン・システムなのかによって、ずいぶん、その柔軟さや寿命は変わってくると思われます。当然、山崎さんはオープン・システムとしてのコミュニティをデザインす

GSデザイン・ワークショップ
　GROUNDSCAPE DESIGN WORKSHOP（以下、GSDW）は、二〇〇四年から毎年夏に開催されているデザインワークショップである。GSデザイン会議主催。建築・都市・土木・造園・歴史・IDなどを学んでいる、まちに関心を寄せる学生を全国から募り、四〜五名で構成されるグループごとに八日間のプログラムに取り組む。各分野の第一線で活躍する方々を講師に迎え、提案に対するエスキスや講評が与えられる。具体的な場所を設計対象地とするため、周辺との関わり合いも考慮した提案が求められる。
　GSDWの一番の特長は、普段の学生生活では得難い、他分野の学生との議論の場を提供する点である。多様な専門をもつ学生たちがグループとして一つの提案をするため、各々が日頃当たり前のように考えていることがぶつかり合い、非常に白熱した議論が展開される。GSDWに参加した学生同士が社会人になった後も交流をもち、専門分野に関わらず議論が継続されている点も、GSDWの特長の一つである。

ることを目指しておられるわけで、空間のデザインの美しさがその一助になるというお言葉はとってもうれしい。今日ご一緒したGSデザイン・ワークショップ*の講評会でも、あれだけいろいろな立場の講師陣がいるにもかかわらず、皆がデザインの力について語っておられたことにも、勇気づけられましたし。それに、今日の帰り際、篠原修*さんが「乾さん、建築家としてまちづくりにたずさわってね」とおっしゃってくださったのですが、そのお言葉を「あなたの建築デザインセンスを活かしてまちづくりに貢献してね」とおっしゃられたのだとあり得ないレベルの誤解をしつつ、ニコニコ喜んでいるところです。そう、建築家はこのぐらい調子良くないとね。ともあれ、今日はおつかれさまでした（って、往復書簡の終わり方としておかしいか）。

あ、締めた後に思い出した！　以前の手紙でもち出した「美」がいつのまにか「空間の美」のみに収束してしまっていますが、もう少し違う側面へ展開したい気がします。都市を転用していくことのかっこよさについてみたいなあたりにです。では。

二〇一一年九月十日

乾久美子

篠原修（一九四五〜）
土木設計家。二〇〇五年、土木・建築・都市計画・造園・インダストリアルデザインなどの分野を超えた専門家ネットワーク「GS（グラウンドスケープ）デザイン会議」を内藤廣らと発足、総合的なまちづくりや空間デザインを実践している。主な著書に『土木デザイン論』（二〇〇三）、『都市の水辺をデザインする』（二〇〇五）、『篠原修が語る日本の都市』（二〇〇六）など。

七信

乾さま

2011 9.16

山崎@芦屋です。今日は終日自宅にて原稿などを書いておりました。「さて、今日の仕事はそろそろ終わりかな」と思っていたら、乾さんからのお手紙に返事を書いていないことを思い出しました。まぁ、これは仕事というよりも僕の楽しみですので、これからの時間は仕事をひと段落させて、楽しみの時間としたいと思います。

街路樹の強剪定、確かに残念なことですね。これは日本だけでなく、以前住んでいたオーストラリアのメルボルンでも同じことが行われていました。ある日突然、街路樹が丸坊主にされてしまう。僕のルックスも含めて、丸坊主というのはまったく情けないものです。もう少し残してくれればいいのに、と思いますね。

こうした剪定は、住民からの苦情が出ないように先手を打ったつもりの行政の仕業でしょう。「街路樹の枝が伸びすぎていて、うちの店の看板が見えなくなっているじゃないか」「落ち葉が多くて掃除が大変なんですよ」「歩行者の顔に枝があたって危険じゃないか」。こういう電話がかかってくるたびに「スイマセン」と言わねばならない行政。とはいえ、年に何度も剪定してもらうほど費用はかけられない。それこそ税金の無駄遣いだと指摘される。ということで、年に一度、樹木を丸坊主にしておいて、住民からの文句が出ないようにするというわけです。

これもまた、コミュニティの問題なんでしょうね。その地域に住む人たちの合意が取れていれば、みんなで「いやいや、緑豊かな方がいいじゃないか。豊かな枝張りが歩道に緑陰をつくってくれた方が気持ちいいじゃないか」という話ができるし、街路樹の剪定方針についても住民から行政に提案することができる。自分の店の看板が見えなくなるどころか、「この道は緑豊かで気持ちがいいね」ということで通行量が増えれば、結果的にお店に立ち寄る人が増えるかもしれない。落ち葉だってみんなで掃除して堆肥化するとか焼き芋をするとか、楽しいことにつなげる方法はいくらでもありそうです。ところが、ほとんどの住民が落ち葉について無関心で、いつも決まった家の人が掃除しなければならないということになるから大変なのです。

地域コミュニティが力を合わせて美しい街路をつくり、育てる。これができると、結果的に楽しいプログラムが生まれたり、信頼できる友達ができたり、お店に訪れるお客さんが増えたり、建物や土地などの資産価値が上がったりすることでしょう。コミュニティデザインがやるべきことはまだまだたくさんあるなぁ、という気がします。実は、このあたりに僕がランドスケープデザイナーからコミュニティデザイナーになった理由の一つがあります。「美しい風景」というのは、ランドスケープデザイナーなる人が街路をデザインするだけでは持続可能ではない、ということがわかってきた。これが、コミュニティデザインの必要性について考えることになったきっかけでした。街路だけではありません。公園を設計していても「なるべく落ち葉の落ちない樹木を選んでください」と言われますし、「なるべくリラックスしすぎないベンチをデザインしてください」と言われます。その結果、常緑樹ばかりを植えたり（なるべく本数は少なめに）、ホームレスが寝られないような座り心地の悪いベンチをデザインすることになる。たとえそれをごまかすように美しい形にしようとしても、その種の努力はネガティブなものであり、根本的な問題を解決しているようには思えなかったのです。

とはいえ、それを「行政が悪い」と決め付けられないのが現在のコミュニティの状況です。行政だってどんな風景が美しいかはわかっているわけです。ところが、それを実現させようと思うと課題が多すぎる。住民からの苦情に対応し続けなければならないとすれば、その他の仕事ができなくなります。苦情が出る公園や街路を増やし続けるわけにはいかない。となると、「落葉樹は植えず」「樹木は少なく」「ベンチは寝られないように」などというオーダーが出てきてしまうわけです。そしてデザイナーは憤り、理想的なデザインを提示し、行政は「デザイナーは理想ばかり言う」と呆れ、ちゃんと言うことを聞いてくれる設計者に行政の意図どおりの設計図を描いてもらう。すると、心ある市民は「なんでこんな空間になっちゃうんだ」と落胆する。

これらは不幸な関係です。地域の人たちが「これでいい」という風景像を共有できれば、街路樹の枝はある程度伸びていてもＯＫだということにあるでしょうし、公園は緑豊かで、四季の移ろいが感じられる落葉樹が植えられることになる。ベンチだってゆったりと座って何時間でも子どもたちが遊ぶ姿を眺めていられるようなものが配置できるはず。そこには「コミュニティの意思」が必要になります。これを生み出さないかぎり、風景（ランドスケープ）をデザインするなんて言えないんじゃないかな、と思ったのが、ランドスケープデザインの道を踏み外し、コミュニティデザインなどという仕事を始めてしまった理由の一つです。

オープンシステムとクローズドシステムの話はとても興味深いものです。かつてのビデオデッキで言えば、ＶＨＳとベータの違いかな。ソニーは今でも自社のシステムで囲い込もうとする傾向が強いような気がしますが、オープンシステムとクローズドシステムにそれぞれどんな特徴があって、どんな広がりをもつのかを、僕らはこれまで何度も目にしてきました。パソコンの黎明期にはＩＢＭがとった戦略とＮＥＣの戦略が違っていましたね。ＩＢＭはパソコンのアーキテクチャを公開して、世界中の部品メーカーが同じ仕様でパソコンをつくることができるようにした。一方のＮＥＣは自分たちの規格で囲い込もうとしていたので、かつてはウィンドウズというＯＳすらもＮＥＣ用とその他用に分かれていたくらいです。ところがそのままでは続かず、ついにＮＥＣも他のパソコンと同じ規格に変わりました。最近では、ＯＳ自体のオープンシステムも盛んですね。リーナス・トーバルズ*が開発したリナックスは、多くの人たちの手でどんどんバージョンアップされていたりカスタマイズされていたりします。一方のウィンドウズはマイクロソフト以外が変更させることはほとんどできない。ケータイのＯＳについても、アップルのｉＯＳやマイクロソフトのウィンドウズよりも、グーグルのアンドロイドが優勢になりつつありますね。これもリナックスベースのオープンソースＯＳであり、すでにスマートフォンのＯＳとしてはトップシェアになって

リーナス・トーバルズ（一九六九〜）フィンランド出身のプログラマー。リナックス（Linux）を開発し、一九九一年に一般に公開。

います。アプリケーションの数も俄然増えているので、いずれアップルのアイフォン用アプリよりも充実するだろうと言われています（すでにこの手紙を書いている頃にはｉＯＳ用のアプリ数を超えているかも）。

その意味では、ご指摘のとおり僕たちがお手伝いするコミュニティについても、なるべくオープンシステムでありたいと思っています。studio-L のやり方を押し付けるのではなく、より多くの市民が関わることによって充実していくようなコミュニティのあり方。プロジェクトの進め方すらも、ワークショップの参加者とともに考えて改変し続けるべきだと考えています。そうそう、ワークショップでも、その進め方のなかにオープンスコアとクローズドスコアというのがあるんですよ。スコアというのは、人びとのアクティビティを方向付ける楽譜のようなものです。これはランドスケープデザイナーのローレンス・ハルプリンがその著書『集団による創造性の開発』のなかで書いていることでもありますが、「家に帰ってテレビをつけて、２チャンネルのニュース番組を二時間観なさい」というのが極めてクローズドなスコアです。一方、オープンなスコアというのは「家に帰ってテレビをつけて好きな番組を観なさい」というもの。あるいはもっとオープンなものだったら「家に帰って好きなことをしなさい」かもしれません。

『集団による創造性の開発』（ローレンス・ハルプリン、ジム・バーンズ著、杉尾伸太郎・杉尾邦江訳、牧野出版、一九八九）

僕たちはワークショップを進めるうえで、そのスコアをどの程度オープンなものにするのかによって、参加者のアクティビティをかなり制御したり、逆に予測不可能なアクティビティを誘発したりしています。ワークショップがどんな段階にあるとき、どれくらいオープンな／クローズドなスコアを実施するべきなのか、というのを判断するのがファシリテーターの仕事でもあります。こうした一つずつのアクティビティを意識しながらスコアを組み合わせて、全体のプログラムをデザインするのがワークショップにおけるプログラムデザインです。

さらに、このプログラムは当日集まった人たちの顔ぶれ、雰囲気、話題によって、柔軟に変化させることも必要です。事前に準備したプログラムをなんとしてもやり遂げようとがんばりすぎると、結果的にワークショップの雰囲気が悪くなります。やろうと思っていたアクティビティを止めて、別のアクティビティを差し込んだり、休憩を挟んだり、あえてフリータイムにしたりして、そのとき一番効率的なコミュニティづくりを心がけます。場合によっては、進め方自体についてもその場で参加者に相談して、それこそオープンシステムなワークショップマネジメントに切り替えることもあります。

何をどこまでオープンにするのかは、その状況ごとに違ってくるでしょう。誰のためのオープンネスなのかを明確にする必要がありそうです。オープンシステムがうまくいったら、より多様な人がそのコミュニティに関わることになり、多様な意見を調整しながらマネジメントが進むことになります。そうなれば、結果的に僕たちは必要なくなるかもしれません。それこそが僕たちの目標です。僕たちがそのコミュニティにとって必要ではない存在になること。前述のＩＢＭは、パソコン製造のノウハウを世界に向けてオープンにした後、自社でのパソコン製造を止めました（今は台湾のメーカーがＩＢＭのブランドを引き継いでいます）。それでいいんだろうと思います。役割を終えたのに、自分たちの会社を存続させるために無理やり役割を捏造する必要はない。会社がその役割を終えて消えていくのはとても美しいことだと思います。

studio-L はそういう会社でありたいものです。コミュニティなんて、そもそも誰かが外からやってきて無理につくるようなものではないのですから。日本中のコミュニティが健全になり、僕らがヨソモノとしてお手伝いする必要のない世の中が実現されれば最高ですね。そうなれば僕たちは美しく消えていくことでしょう。余生は何をして過ごそうかな（笑）。

「空間の美」の他に、「有終の美」もあるような気がしますね。持続可能であればいいってもんじゃない(笑)。

二〇一一年九月十六日

山崎亮

八信

山崎さま

2011 10.1

自治体と付き合うと九月は大変なのですね。はじめて経験しました。対応に迫られてばたばたしていたら、ずいぶん時間が空いてしまいました。申し訳ありません。しかしその間に二回も延岡で打合せをしていて、ご無沙汰というわけでもないところが調子を狂わせます。しかしペースをもどしましょう！　先月、鹿児島のマルヤガーデンズを見に行ったことの報告から行きましょうか。

マルヤガーデンズ前に到着したのは月曜日の夕方。アーケードには買い物客があふれており、まわりの雰囲気も華やか。鹿児島市がこんなににぎやかだということを知らなかったので、意外な気持ちになりました。マルヤガーデンズのなかは洗練された雰囲気にあふれていました。東京や大阪などの大都市、時に海外に本社がありそうなブティックがたくさん入っていて、鹿児島に来ていることを忘れる空間が展開しています。そんな都会的洗練のなかにぽつぽつと市民活動のスペースが埋め込まれていたわけですが、マルヤガーデンズほど、空間の政治性とでも言えばいいのでしょうか、そこで行われている出来事同士の関係性が先鋭的

マルヤガーデンズ／外観

に現れている建築は、なかなかお目にかかったことがないかもしれません。コマーシャリズムと市民活動とが、ある場所では融合しながら、また違う場所では引き立て合いながら、そしてとある場所ではやや反目し合いながら共存していました。各フロアを歩いていてガーデンを見つけるたびに、ヴィヴィッドな「空間戦争」が勃発していて、ハラハラドキドキしましたよ。心臓に悪かったなあ(笑)。

マルヤガーデンズの開発には「共生経済*」や「フェアトレード*」などの概念が念頭にあるでしょうし、故に市民活動をデパートで展開しちゃおうなんてアイデアが出てくるわけですが、実際にフロアを埋めているテナントは、やはりグローバル経済に影響を受けた競争原理で経営されている店舗が多いように思いました。それは商業的な華やかさにあふれているわけですが、そのなかで市民活動を楽しそうに、そして美しく見えるようにするのは至難の技です。市民活動が行われていないガーデンもあったので、正確な感想ではないかもしれませんが、いくつかのガーデンはコマーシャリズムに押され気味の印象をもちました。

それに対して、うまくいっているなあと感じたのは四階のカフェです。驚いたことに、カフェの入り口に市民活動スペースのガーデンが鎮座。カフェ席は市民活動スペースの奥に広がっていますが、カウンター兼低めパーティションでおだ

共生経済
連帯・参加・協同を原理とする共生型の地域に根ざした経済。

フェアトレード
開発途上国の生産品を適正な価格で継続的に輸入・消費する取り組み。途上国での雇用を創出、貧困解消や経済的自立を促し、世界の南北間にある経済格差の解消を目指す。

やかに両者の間に境界線が引かれているのがとても良かったです。このパーティションによって市民活動を気兼ねなく展開できるし、カフェを利用する側もそんなに気にならない状況が生まれています。同時にカフェでのおしゃべりと市民活動との差って何？と鋭い問いかけまでしていて、なかなか批評的なパーティションでした。大切なのは両者の領域が空間的に切れていないことだと思いますが、低めのパーティションなので立ち上がれば見えること、内装の雰囲気が連続的であることなどによってうまく担保されていました。心憎いのが黒板の存在です。市民活動スペースの黒板壁と、デリのカウンターの上部に掲げられた黒板とが共鳴するようになっていて、このカフェと市民活動の関係性のデザインが象徴されているようでした。

七階のガーデンも良かった。市民活動のスペースは、そこを使う市民の気持ちを高揚させることも重要だとお互い指摘しているように、コマーシャリズムに勝つ必要はありませんが、その雰囲気に飲み込まれて情けなく見えるのは良くないですよね。でも、金銭的・人的資本がたっぷりと投下されて洗練を競う商業スペースの前では、どんなにコンテンツが良くても市民活動の素朴さが貧相なものに見えてしまう瞬間があるように思います。七階のガーデンのデザインが巧みだっ

マルヤガーデンズ／四階カフェ

マルヤガーデンズ／七階ガーデン

たのは、屋上庭園に対して大きく開かれた開口部が、周囲のお店から漂うコマーシャリズムを中和していたことです。一般的に商業空間は雰囲気や紫外線などがコントロールしづらい外部の存在を嫌いますから開口部をもたないものが多いです。それを逆手にとって、商業の匂いを消してしまっている。巧いですよね。しかも、外部という存在は市民活動そのものではない中性的な存在でありつつも、市民活動と親和性が高いというところもなんだか正しい！ 周りのお店はちょっと商売がしにくそうな感じはしたけれど、まあ、ユルい感じの飲食が多かったから、大丈夫なのでしょう。いずれにせよ、ここでも関係性がうまくデザインされていることに感心しました。

あとはD&DEPARTMENTの脇にあるテラスの界隈でしょうか。正式にはガーデンとしてつくられた空間ではなさそうでしたが、市民活動が行われていても良さそうな感じがしました。先ほどの例はどちらも飲食でしたが、物販であっても商業と市民活動は喧嘩しない場合もあることが理解できたのは良かった。日常生活のイメージとつながり、顧客層が広い雑貨屋さんというところが良いのかもしれません。

マルヤガーデンズ／テラス

今、日本ではさまざまな公共建築のリノベーションやコンバージョンが行われていますが、既存の建築のサイズが、そこに挿入されるプログラムにジャストフィットすることはなかなかありません。大抵、スペースをもて余してしまい、余った場所を違う用途に割り当てたりして、これまでの建築計画学では考えられないような取り合わせのプログラムを同居させなくてはならない場合が多くなってきました。渋谷のど真ん中にも勤労福祉会館の一部がコンバージョンされているケースがありますが、地味〜な役場の窓口の向かいに、渋谷らしい都会的な着こなしの男女がすし詰めになっているカフェがあり、脇には現代美術ギャラリーへ至る白い廊下がのびています。こうした用途混在の風景は今のところ見ていてここちよいものではなくて、単に便宜性を追及しただけにしか見えない状態です。

街路や屋外空間がやすやすと受け入れることのできる、例えばヤン・ゲール*が言う多様な社会活動。これを受け止めるような建築がまだうまくできていないのかもしれません。雑居ビル、デパートなどのビルディングタイプが引き受けてきた問題ですが、それが快適さと共に存在するケースは少ないような気がします。マルヤガーデンズで繰り広げられているコマーシャリズムと市民活動の空間を巡る戦い、そこに発見される戦略や戦術は、市民活動スペース論を超えていろいろ

渋谷区立勤労福祉会館のコンバージョン（トーキョーワンダーサイト渋谷）（写真提供：トーキョーワンダーサイト ©Tokyo Wonder Site／展示風景は「都市のディオラマ：Between Site & Space」2008）

な問題提起をしているような気がしました。

二〇一一年十月一日
乾久美子

ヤン・ゲール（一九三六〜）
デンマークの都市デザイナー。ヨーロッパで最初の歩行者空間であるコペンハーゲンのストロイエを設計。著書に『建物のあいだのアクティビティ』（一九七一）など。

八信

乾さま

2011 10.11

山崎@魚津です。今日は講演会で富山県の魚津に来ています。ツイッターで友人が「富山へ行くなら昆布締め（鯛や鮭や甘エビなどの刺身を昆布に挟んで一晩寝かせたもの）を食べた方がいいですよ」とつぶやいてくれました。そのつぶやきを見た講演会の事務局の方が、懇親会に昆布締めを用意してくれていました。とても嬉しいことです。昆布締めについてつぶやいてくれた友人にも感謝しますし、それを見て即座に昆布締めを用意してくれた事務局の方にも感謝します。昆布締めがとてもおいしかったので、懇親会が終わってホテルの部屋に戻ってきた今も、包んでもらった昆布締めを食べながら手紙を書いています。

さて、このたびはマルヤガーデンズへのご来館まことにありがとうございました。そして、よくぞいろんなことを見抜いてくれました。市民活動と商業活動の関係性をどう空間のデザインに反映させるか。このあたりはマルヤガーデンズのリノベーションを担当したみかんぐみの竹内さんが尽力されたところです。そして、全館のディレクションを担当していたナガオカケンメイさんのバランス感覚によるところです。

大変だったのは竹内さんでしょうね。ナガオカさんからは商業的な方針を伝えられ、僕からは市民活動に関するオーダーが出てくる。コミュニティの活動内容が出揃わないと内装や設備が決まらないので設計が遅れるし、テナントとの関係を考えると空間を区切った方がいい場合もあるし、逆に区切らない方がいい場合もある。それらを一つずつ竹内さんが丁寧に設計へと反映してくれました。七階のガーデンについても、最後まで開口部をどうするのかについてはいろいろ議論がありました。

結果的には、乾さんが指摘したとおり、七階はとてもいい雰囲気になりました。特に七階を見ていると、外部空間とコミュニティ活動の親和性が高いことを実感しますね。僕がランドスケープデザインの分野からコミュニティデザインの分野に入ったことも、ひょっとしたら必然だったのかもしれません。外部空間に接していると、過度に洗練された空間を「つくり込む」のが難しいだけに、コミュニティの活動などとの関係性が大切になるし、それをプロジェクトに組み込むことが可能になる。建築の設計だけをしていたら、僕はコミュニティデザインという仕事を始めていなかったかもしれません。

昨今のリノベーションにおいて、空間の容量とプログラムとの一致が図れていないというのはそのとおりだと思います。マルヤガーデンズプロジェクトで最初に指摘した点も同じでした。あの建物は、かつて三越が営業していて、床面積のすべてをテナントで埋めることができなくなって撤退したわけですから、後から入ってくるマルヤガーデンズにしてもすべての床をテナントで埋め尽くすのは非常に難しい。仮に埋め尽くせたとしても、すでに商圏としてはそれほど広くないのだから、来館者数がそれほど伸びないので徐々に空きスペースが増えていく可能性が高い。だったら、最初から空きスペースをつくっておいて、それを単なる空きスペースとするのではなく、地域のさまざまなコミュニティが活動するガーデンと位置づけておくのはどうか。これによって、市民活動が市民を呼び、テナントとの協働を生み、これまでにない商業施設を実現しつつ、テナントが埋まらないという事態を避けることができるだろう、というのが当時考えていたことです。

だから、逆に言えば、もしマルヤガーデンズの人気が高まり、多くのお客さんが来館してくれるようになり、店を出したいという人が増えてきたら、ガーデンをテナントとして使うことも可能だというわけです。そのとき大切になるのが、年間の何割くらいを商業空間として使い、何割くらいを市民活動として使うのかの基準を設けることです。ガーデンの商業利用が二割を超えるとマルヤガーデンズのコンセプトが崩れるのか、あるいは四割までは大丈夫なのか。そのあたりは、オープンしてから慎重に見定めていこうということになっています。

現在、商業利用の空間が増えてきています。これはある意味で望ましいことです。マルヤガーデンズにお店を出したいという人が増えてきているからであり、それに応じたお客さんが来てくれているからこそテナント数が減らずに増えているということだからです。ところが、ガーデンの商業利用がある臨界点を超えると、マルヤガーデンズもまた他の商業施設と同じように認識されることになるかもしれません。そうなるとマルヤガーデンズオリジナルのコンセプトが見えにくくなってしまいます。

だからこそ、ガーデンを市民活動のために使う割合と商業活動のために使う割合をしっかり検討しておく必要があります。先日、マルヤガーデンズでコミュニティに関する会議があった際に以上のようなことを伝えてきました。その先は経営判断になりますから、マルヤガーデンズ経営陣の賢明なる方針に期待したいところです。

一方で、コミュニティ同士や、コミュニティとテナントとの間に面白い協働が見られるようになってきました。コミュニティシネマが上映する映画のテーマにあわせてゴスペルの歌を披露してくれるコミュニティが登場したり、「オーガニック」をテーマにコミュニティとテナントが協力して全館イベントを実施したりしています。こうした関係性がデパートのなかに生じるという事実が、マルヤガーデンズの特徴を際立たせることに貢献しています。

デパートというのは、「デパートメントストア」という言葉どおり、部署ごとに分かれたテナントが集合しているストアです。テナント同士やテナントとコミュニティの連携はほとんど望めないのが通常です。が、マルヤガーデンズではそれが少しずつ実現されています。この部分にマルヤガーデンズらしさがあるんだろうと思っています。あるコミュニティがやろうとしていることにテナントが応じることもあれば、マルヤガーデンズ側が企画したことにテナントとコミュニティが応じることもあります。こうした即興劇のような協働こそが、これからのマルヤガーデンズの特徴となることでしょう。

僕はそういうアドリブ的な協働が好きなんでしょうね。「昆布締めがオススメです」という誰かのつぶやきに反応して、何気なく懇親会で昆布締めを出してくれるような、人と人とのアドリブ的な協働が。

二〇一一年十月十一日

山崎亮

九信

山崎さま

2011 10.17

先日、延岡の天下一薪能を見に行ってきました。十五年目を迎えるこの薪能は、延岡の内藤家が所蔵していた能面を京都の能面師に見せに行くことが発端。ありがたくも能面師に価値の高さを指摘されたわけですが、普通であれば博物館に大切に収蔵しておしまいになるところが、延岡市の方々の独創的なところは「そんなにすごい能面なのだったら、ちゃんとした方に使ってもらわないと！」と考えたところです。そこからの行動力が大変なもので、能面師に人間国宝の片山幽雪氏を紹介してもらい、面会し、延岡の能面で舞っていただきたいと直訴し、そんなお願いははじめてだ！と喜んだ片山氏に快諾を取り付けてしまった。さらに城山と呼ばれる延岡城趾に仮設舞台をつくることを決め、舞台と桟敷を設計し、市民の手で建設し、見事、延岡市に眠っていた能面と人間国宝のコラボレーションを実現してしまうわけです。まさに山崎さん言うところのアドリブ的展開。能なんていう、しきたりに重きを置きそうな世界の人間国宝を巻き込んだ、スケールの大きな即興劇が繰り広げられたわけです。薪能そのものもさることながら、そんな楽屋話にも感動しました。山崎さんもぜひ来年はご覧になられることをおすすめします！

　さて、マルヤガーデンズにおいて市民活動と商業活動の関係性に臨界点があるという指摘は非常に面白かったです。デパートメント（分離）しないから両者の間にせめぎ合いが生まれ、その関係性が生態学的な様相を呈するというわけですね。今、ちょうど里山に関する初心者向けの本（『さとやま―生物多様性と生態系模様』）を読み終わったところなのですが、なんだか通じている気がします。ランドスケープや造園を学んだ方には当たり前のことなのかもしれませんが、植物生態学的でいう「攪乱」を人為的に引き起こすことで、生物の多様性を担保しているのが里山なんですってね。「中程度の攪乱には生物種の多様性を高める作用がある」という生態学的な仮説をもって、里山という人と自然の共存関係は説明できるとのこと。ここで重要なのは「中程度」ということですよね。つまり里山という採集地と集落という消費地のサイズにバランスが保たれていないといけないわけで、そこでは集落の存続をかけて厳しく臨界点が見極められていたのだと思います。

　伝統的な里山を空から眺めると、薮、植林地、ため池、この間のＧＳデザイ

『さとやま―生物多様性と生態系模様』（鷲谷いずみ著、岩波書店、二〇一一）

ン・ワークショップでも取り上げられていた谷津田、水田などといった多用な環境がパッチワークのような様相で現れるのが特徴で、生物学的には、生態系がもたらす副産物を豊富に抱えることのできるβ多様性をもつと言うらしいです。そして攪乱などで一つのエリアが多様化することはα多様性と呼び、その二つの組合せが重要なんですって。釈迦に説法のような内容でしょうが…。で、近代の単一作物栽培（モノカルチャー）が作物供給のみに土地を利用していることに対して、里山的な土地の利用は、生物間相互作用、災害防止、土壌の汚染の除去、気候安定、そして私たちの情緒を支えるというように何重にも土地を利用することを可能にする形式だそうです。この話を読んで思ったのは、里山／近代農業によるモノカルチャーの対比が、『アメリカ大都市の死と生』によってJ・ジェイコブズ*が指摘した用途混在／近代都市計画のスーパーブロック*の対比と似ていることです。用途、新旧の混在が都市を豊かにすると説いたJ・ジェイコブズは、意識していたのかどうかわかりませんが、都市を造営する人間の営みを眺めるまなざしは生態学的なものだったのだなあとあらためて再認識しました。

　里山を再生する声は日本ではまだ少数派らしいのですが、世界を眺めれば、生物多様性を担保する湿地再生に国を挙げて取り組む例もあるようです。こうした

『アメリカ大都市の死と生』（ジェイン・ジェイコブズ著、山形浩生訳、鹿島出版会、二〇一〇）

ジェイン・ジェイコブズ（一九一六〜二〇〇六）
アメリカのノンフィクション作家・ジャーナリスト。郊外都市開発などを論じ、また都心の荒廃を告発した運動家でもある。著書『アメリカ大都市の死と生』（一九六一）において、近代都市計画を批判し、反響を呼んだ。

スーパーブロック
複数の街区を一つにまとめた大きな街区。

取り組みと、脱工業化社会によってもたらされた、いわゆるブラウンフィールド*の再生を重ねてみることもできますね。さらに、そのブラウンフィールドに都市そのものを含めることもできるかもしれません。中心市街地で駐車場が広がる風景をそのように眺めることは可能なのですから。いずれにせよ「まっさらな場所に何かを創造する」のではなく、荒廃した土地を恢復することは現代の重要な課題なわけです。そのとき求められるのは、進みすぎてしまった時計の針を「うまく」戻すことのように感じます。コミュニティという人の営みは土地そのものではありませんが、土地に根付いた人の集団活動という意味で、広義に土地の現れだと言えるかもしれません。そのコミュニティを「うまく」時計の針をもどすべく、地縁的コミュニティの代替としてのテーマ型コミュニティを育てることを山崎さんは提唱されているのかと思います。

　そうやって都市論と生態学、またその現れであるランドスケープのことなどを横断的に眺めながら土地の再生のことを考えていると、ようやく、以前、名前が出てきたジェームス・コーナーらが提唱するランドスケープアーバニズム*のことが理解できる気がしてきます。限られた敷地内で技巧をこらすランドスケープデザインではなく、都市インフラの整備やフィールドオペレーション*にまで領域を

ブラウンフィールド
土地に汚染があることで、その土地の開発が進まず遊休地となっている土地。

ランドスケープアーバニズム
都市スケールにおいてランドスケープが都市形成の骨格になりうるという考え。

フィールドオペレーション
デザインの対象を景観だけでなくその背景にある生態系や自然の環境条件にまで拡げた手法。

ひろげたところにランドスケープアーバニズムの重要性がありますが、このジャンルが扱う土地の再生とは、単に、手つかずの自然に戻すことがポイントではありませんよね。それは技術的には可能かもしれないけれど、それをささえる社会的ニーズはありませんから。今を生きる私たちが享受でき、そしてコストを請負える形で、土地や自然の生態系を再生することとはどういうことなのか。つまりこれまでの里山に代替できる、新しい二次的自然、「里山」のデザインの追及としてランドスケープアーバニズムを捉えるがいいのかと思いました。*ジェームス・コーナーのテキストのなかにある「鳥の鳴き声とビースティ・ボーイズ」の「弁証法的な性質」なる言葉群はやや謎めいておりますが、α多様性とβ多様性の意味内容の拡大や、生態学者では思いつかないレベルでの多様性を差し示しているのかもしれません。そう考えると、非常に刺激的で興味深いものがあります。

二〇一一年十月十七日
乾久美子

*ジェームス・コーナーのテキスト
チャールズ　ウォルドハイム著、岡昌史訳『ランドスケープ・アーバニズム』鹿島出版会、二〇一〇、31ページ。

九信

乾さま

2011 10.27

山崎@新幹線です。東京へ向かっています。立川市で進めているプロジェクトの関係で、今日の午前中は市長への挨拶ということになっています。立川でのプロジェクトは市役所が移転した跡地を活用するというもので、これまた面白くなりそうな案件です。いずれご報告しますね。

延岡の薪能、いつか観てみたいものです。延岡の人たちの行動力は本当にすごいですね。価値ある能面を陳列するのではなく活用し、人間国宝とコラボさせてしまうとは(笑)。そういう人たちが住む延岡だからこそできるコミュニティデザインがあるような気がします。延岡プロジェクトの今後がますます楽しみになってきました。

里山における「中程度の攪乱」は、試行錯誤の結果、集落の人びとが見つけ出した臨界点なんですよね。生活に必要なものを里山から採り出していたわけですから、燃料としての柴や薪、堆肥のための落ち葉や下草、箸や小物をつくるための枝など、時には必要に駆られて採り出しすぎたこともあるはずです。窯業が盛んになった集落では燃料としての薪が大量に必要となり、それまで行ってきた択*

伐を越えて皆伐*してしまうことがあったようです。そうすると山から一気に樹木がなくなり、雨が降ると土砂が流出するようになってなかなか植生が回復しない。木質燃料が再生産されないわけです。これはマズイということで、住民が相談して里山から樹木を切り出すためのルールをつくり、これを守りながら択伐を続けることにするわけです。里山から物資を採りすぎたり、逆にそれを抑制したりしながら、「資源を再生産させつつ最大限の物資を手に入れる臨界点」を見極めてきた、というのが里山の歴史なんだと思います。

里山の風景というのは「人と自然が共生した風景」だと言われることが多いのですが、僕はむしろ「人と自然がせめぎ合う風景」だと思います。実際、中山間離島地域へ行くと住民は里山や農地と闘っていますから。ものすごい速度で雑草や下草が生えてくる。住民たちはこれらと日々格闘している。そのために「草刈り」や「道づくり」と呼ばれるような共同作業がたくさんあります。共同作業をサボると罰金が課せられる集落もあります。コミュニティの結束力やルールがなければ自然と闘うことは難しく、だからこそ集落独自のしきたりや言い伝えやしがらみが誕生したわけです。生物多様性はその結果としてできあがった状態であり、集落の人たちは決して生物種を多様にしようと思って二次的自然を生み出し

択伐
対象となる区画から伐期に達した木など一定の基準で樹木を選び、森林状態を維持しつつ適量ずつ伐採すること。

皆伐
対象となる区画にある森林の樹木をすべて伐採すること。

ているわけではない。それなのに都市部から出かけて行った人たちが不用意に「この豊かな田園風景を未来に遺すべきだ」などと言うから、集落の人たちは「どれだけの努力が必要なのかわかっているのか」と言いたくなるようです。

いずれにしても、以上のようなことを学んだからでしょうか、僕は景観をデザインすることは、樹木をグリッド状に配置して植えることでも、舗装パターンをストライプに描くことでもないように思えてしまうのです。それは大地に絵を描いているようなものであり、景観というのはその場所に住む人たちの生活におけるせめぎ合いや人間関係が蓄積して、どうしようもなくにじみ出てしまった結果だと思うのです。いや、「景観」というよりも「ランドスケープ」という言葉はそういうものだと思うんですね。ランドスケープを景観と訳すと、そのあたりのニュアンスがそぎ落とされてしまって、視覚的なイメージだけに集約されてしまう感じがします。

里山のようなランドスケープをデザインしたいと言って、コナラやクヌギを斜面に植えるだけではあまりにお粗末ですよね。そこに発生する「中程度の攪乱」は誰が起こすのか、それはどれくらいの頻度であるべきなのか、何のために行われるのか、そこにどんなルールが必要なのか。そういうことがセットで考えられていなければ、持続可能なランドスケープをデザインしたとは言えないような気がするのです。そんなことを考えていると、ランドスケープデザインがどんどんコミュニティデザインに近づいていくんですね。人と人の関係性をつくり、組織化し、活動内容を決め、それを支える仕組みをつくり、環境に働きかける。そのときの環境は里山のような自然環境でもいいし、延岡のような都市環境でもいい。いずれにしても、働きかける主体が不在なまま、景観だけを取り繕ってもランドスケープをデザインしたことにはならないのではないか、という感覚があります。

　そんなことをうだうだと考えているから、ランドスケープデザイナーとして「美しい景観」をつくることに興味がもてなくなってしまったんでしょうね（笑）。どんどん道を踏み外して、今ではコミュニティデザイナーなんて怪しい肩書きで仕事をすることになってしまいました。ジェームス・コーナーという人も、きっとこういうことを考えていた人なんだろうな、と思います。彼のデザインもまた、できあがったものは普通の自然に見えることが多い。ディラー・スコフィディオ*とコラボしたハイライン*は別として、他の仕事は普通の自然がゆっくりと遷移していくだけに見えるものが多い。だからこそ、彼らのプレゼンテーションにはダイアグラムがたくさん登場する。十年後、二十年後、五十年後に目の前の自然は

ディラー・スコフィディオ＋レンフロ
エリザベス・ディラー、リカルド・スコフィディオ、チャールズ・レンフロが主宰するニューヨークのデザイン事務所。代表作にブラッセリー（2001）、アイビーム・アトリエ（2002）、スイスで開催された2002年万博のメディア館「ブラー」（2002）など。

ハイライン
ニューヨークの高架貨物線跡を空中緑道として再利用した全長二・三キロの公園。設計はジェームズ・コーナー率いるフィールド・オペレーションズと建築設計事務所のディラー・スコフィディオ＋レンフロ。二〇〇九年開園。

どう遷移して、どんなランドスケープをつくりだすのか。将来できあがるランドスケープを、視覚的な側面だけに限らず、形態のアイコン化にも頼らず、なんとか伝えようと努力している。植物がどう遷移するのか、どんな昆虫や動物が集まるのか、人間のアクティビティはどう変化するのか、それらを成立させるための組織はどうあるべきなのか、お金の流れやルールはどうなるのか、などを長いスパンで考えている。こういうことを伝えようと思うと優れたダイアグラムが必要になります。平面図やパースではなかなか表現できませんからね。僕も同じ悩みを抱えています。だからこそ、優れたダイアグラムがかける人と仕事をしたいと思っています。

最近は、コミュニティデザインにおける「平面図」や「断面図」ってなんだろうな、ということを考えます。建築やランドスケープのデザインでは、長い時間をかけて平面図、断面図、立面図、パースなど、未来を可視化する方法を発明し、整理してきたわけです。ところがコミュニティデザインはまだ始まったばかり。定式化したフォーマットがないんですね。平面図的な役割を果たすものは何なのか、パース的な役割を果たすものは何なのか。そのことを考えていきたいと思っ

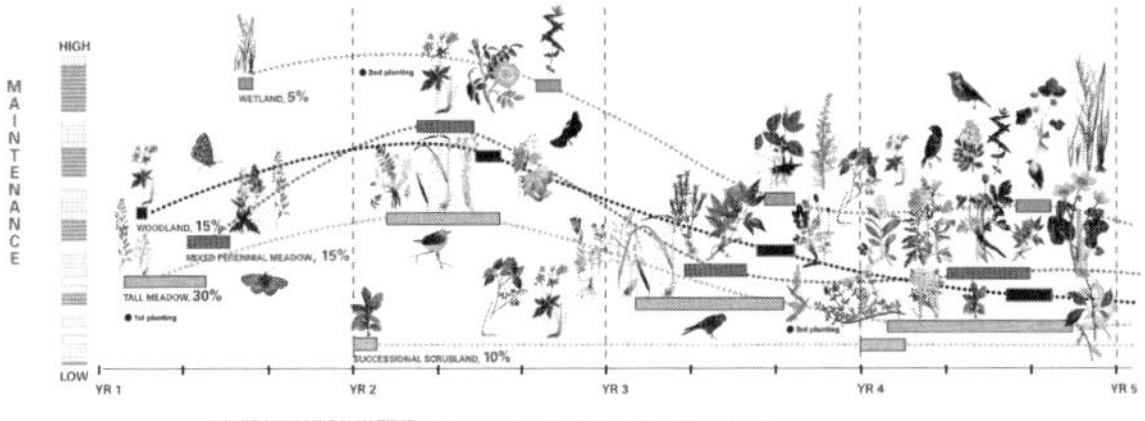

フィールドオペレーションズのダイアグラム（© James Corner Field Operations and Diller Scofidio + Renfro, Courtesy the City of New York）

ています。それは二次元の表現ではないのかもしれませんね。
さて、そろそろ東京に到着です。このあたりで一度手紙を送り返しておくとしましょう(笑)。

二〇一一年十月二十七日
山崎亮

十信

プロセスを図面化することのむずかしさ

2011 11.7

山崎さま

少し時間が空いてしまいました。失礼しました。授業の用意などの慣れない大学の仕事で手間取っていたところに、その他諸々の雑務が重なる数週間でした。

さて、情報の伝達についての話が出てきました。非常に興味深いです。コミュニティデザインの情報化、確かにほとんど手がつけられていない問題なんでしょう。ひるがえって建築には図面という伝統があり、図面やその他の多種多様な計算表、チェック表、仕様書などのフォーマットに従って一つの建物をほぼ完全に情報化することができ、他人と共有することができます。もちろんその内容を一〇〇％理解できるのは、実務の世界でたっぷりと訓練を受けた人間に限られますが、平面図や断面図などはリテラシーがあまりない方にもなんとなくその意味がわかるものになっています。特に日本では毎日のように折り込みのマンションのチラシを見せられる環境になっていますから、一般の方々の平面図の読み取り能力はかなり高いのかもしれません。

ただ建築情報の伝達が成功しているのはそこまでで、それらはあくまでも静的なものにとどまっているように思います。つまり、建築の下位概念である建物の個別の情報でしかない。個々の建物を超えて存在する抽象概念である「建築」の価値（それは非常に動的なものだと思います）が本当にうまく情報化され共有されているかと言われると疑問符がつくわけですね。それだけではありません。個々の建物でも、動かないハードウエアとしての建築ではなく、ソフトウエアと一体的に動的なサービスを提供する建築という存在を考え始めると、これまでの平面図や断面図では思考ができないし、表現もできないという限界にぶちあたります。また一つの建築プロジェクトの魅力の大半を決めてしまう企画段階において、建築を思考し検討するツールは皆無に等しいのではないでしょうか。プロジェクトの骨格はディベロッパーにとって必要とされるデータのみで大半が決まってしまい、それらは建築的魅力とは何の関係もない場合が多いのですから。そんな風なので、ジェームス・コーナーらのランドスケープ・アーバニズムのプロジェクトがその表現においてさまざまな苦労をしていることは、建築畑の人間にとって他人事ではないのです。

乾事務所のように小さな建築設計事務所でも、問題が起きていますよ。前橋市内の美術館構想のプロポーザルに参加したときの話です。中心市街地の空洞化にともない、まちの中心にあった百貨店が撤退、その空き百貨店を市立美術館にコンバージョンするという企画に対して、どのような建築的アイデアが提案できるかを競い合うものでした。八〇年代に開発された百貨店で、流行遅れのファサードと複雑で使いづらそうな動線計画が特徴のビルだったのですが、それを予算内で「美しく」整え直すことは不可能だと考えたので、いわゆる建築デザインを競うような提案をすることをあきらめました。その代わりに市民ができるかぎり運営にも参加できるようなプログラムづくりを行い、そして美術館全体が文化の制作現場（そういうのを英語圏の建築業界では「Back of House」と言っているらしいです。オランダ帰りのスタッフに教えてもらいました）とでも言えるような状況をつくることに専念しました。念頭にあったのは、ソフト面では平塚市美術館が意欲的に取り組んだ、*市民と学芸員が共働して展覧会をつくった事例。ハード面では、一般的な美術館ではバックヤードの存在が隠蔽されていることに対して、できるかぎりその存在をあからさまにして一般客がアクセスできるようなプランニングです。

あらゆるところが生産現場になる美術館。なんだかかっこいいですよね。とい

前橋市美術館プロポーザル案

市民と学芸員が共働して展覧会をつくった事例
平塚市美術館で開催された展覧会「幻想植物園展—アートが表現する植物の生命力」（一九九八年十月十七日から十二月十三日）において、公募により集められた市民が学芸員と一緒に展示の準備を行い、美術館の裏側を体験する試みがなされた。メンバーは四十歳〜六十歳代の主婦を中心に約四十名。六月以降、週に一〜二度集い、学芸員や出品作家、デザイナー、施工業者らの指導を受けながら、展示資料の制作・展示、関連ワークショップの企画を行った。

うことで、これはいけるぞとニコニコしながら案をつくり、そして具体的な平面計画を行っていったのですが、最終的にプロポーザルの提出書類をつくる段階になって手が止まってしまいました。面白い提案のはずなのに、その面白さを表現する方法がまったく思いつかなかったのです！ しょうがないので平面図や模型写真を用意し、少しだけ市民が学芸員的なレベルの業務に参加することを表現する表などを添付して書類を完成させたわけですが、最も伝えるべき上位概念、つまり「Back of House」として美術館をつくることの意義を表現することができないまま提出してしまいました。先日、審査員の一人の方とたまたまお話しする機会があったので感想を聞いてみたのですが、私たちの提案の存在すら覚えていない様子でした。悲しかったですねえ、惨敗です(涙)。ここでの問題は、美術館を「Back of House」にという企画そのものの表現方法が見つからなかったことです。プロポーザルは一般的に、すでに定まっている企画に対しての建築的回答を与えることが求められているだけなので、私たちの案のように既存の美術館制度に対する異議申し立てのようなことを不用意に行ってしまうと、単に「美術館計画を知らないド素人の設計」という誤解を与えてしまうわけですね。

このプロポーザル、こんな風に情けない結果に終わったわけですが、私たちにとっては結構重要なことを考えるチャンスになったと思っています。これまでの図面表現では表しきれないものを目指してみたいと感じたこと、これからの建築デザインを考えるときに既存の平面図や断面図だけでは不十分なのではないかと感じる瞬間を得たことがまず大きかったです。そして、それこそコンスタントらが提出したヴィジョン、市民が文化の生産に関わるという状況を生むために建築が行えるサービスとは一体何なのかという、数十年来続く建築的問題に自分も取り組んでみたいと感じたことも大きかった。こうした課題に立ち向かうとき、少なくともまずは思考や検討段階レベルにおいて、既存の図面表現をいったん捨てる必要もあるように感じています。ということで、山崎さんの抱えておられる表現方法の問題はコミュニティデザインだけのものではないわけです。たぶん、都市、建築、ランドスケープ、その他諸々に関わる問題なのでしょう。＊アイソタイプの発明者＊オットー・ノイラートが、今、再評価されているのも、そのあたりに関わりがあるのかもしれません。

二〇一一年十一月七日

乾久美子

アイソタイプ
オットー・ノイラートとイラストレーターのゲルト・アルンツによって一九二五年に考案された世界共通の絵文字のシステム。もとは教育目的のために開発されたものであったが、当時のデザイナーのみならず、建築や都市計画の分野にまで大きな影響を与えた。名称は「International System Of Typographic Picture Education」の略。

オットー・ノイラート（一八八二～一九四五）
オーストリアの哲学者、社会学者。論理実証主義哲学グループ「ウイーン学団」の中心人物。ウイーン社会経済博物館の館長として、それまでの博物館の概念とは異なる、市民が自身の生きている社会や世界を知るための装置としての博物館を構想し、新たな視覚情報教育システムとしてアイソタイプを発明。ル・コルビュジエらとも交流があり、CIAMにも招聘されている。

十信

乾さま

2011 11.18

山崎@鳥取です。今日はまちづくりのシンポジウムのために鹿野地区というところに来ています。今日の宿は源泉掛け流しの温泉付き。源泉がずっと湧いているから二十四時間お風呂に入れます。これはありがたい。この仕事をしていると多様な報酬をいただくことになるのですが、温泉というのも僕にとっては大きな報酬です(笑)。あとは、美味しい食事、地域ごとの興味深い話、地域の人とのつながり、「あんたが来てくれて助かった」という言葉、帰りにもたせてくれるお土産、季節ごとに送ってもらう地域の特産品、完了時に支払われる業務費…。こうした複合的な報酬によって、僕たちは楽しく働かせてもらっています。この仕事、やめられません(笑)。

さて、コミュニティデザインの情報化について悩んでいたところ、「実は建築も同じく大切な部分が情報化、図面化、ダイアグラム化できていないんだよ」という返事をいただきました。なるほど、確かにそうかもしれませんね。設計をやっているときに最もわくわくした部分、大切にしたいと思っていた部分は、なかなか図面で表現できなかったなぁ、という記憶があります。そうそう、学生時代に日本造園学会が主催したコンペに出した案も、図面の他にダイアグラムをペタペタ貼り付けていました。公園の設計コンペだったのですが、平面図、断面図、パースの他に、四季を通じて公園で行われるプログラム、公園で生じる物質の循環図、自然回復を図るゾーンと時期など、動的な公園での営みとそれを支える空間のあり方とを組み合わせて、ダイアグラムで表現しようと模索していたように思います。もう十五年も前の話ですが(笑)。

前橋市内の美術館構想のプロポーザル案、とても興味深いですね。市民やアーティストが作品をつくるプロセス自体が見えたり体験できたりする場。魅力的です。ただし、それがプロポーザルという形式ではうまく伝えられなさそうなこともよくわかります。ソフトの部分が大切な提案だからこそ、その情報化がとても難しい。そのことを考えるとき、これだけソフトが大切な世の中になってきたわけですから、プロポーザルやコンペという形式自体に無理があると感じることはありませんか？　コミュニティデザインなんてことに取り組んでいると、コンペやプロポーザルという形式に対して違和感をもつようになってきます。この感覚はまだうまく整理できていないのですが、あえて書くとすれば以下のような感じです。

例えば延岡でのプロジェクトの場合、駅周辺でどんなアクティビティが生まれるかは市民活動団体の方々との話し合いのなかで決まることですよね。映画鑑賞が始まるかもしれないし、音楽演奏が始まるかもしれない。カフェをやる人が出てくるかもしれないし、野菜を育てる人が出てくるかもしれない。でも、延岡のプロジェクトが始まる前には、まだどんな活動が発生するかわからないわけです。しかも、その活動団体の人たちがどれくらいの頻度で活動するか、何グループくらい参加してくれるかは、話し合いのなかで決まる。彼らがやる気になれば毎週活動するだろうし、仲間を呼んできてたくさんのグループが活動することになるかもしれない。ところが、話し合いが面白くなくて、意気消沈してしまうような話題ばかりだと、その人たちは徐々に参加意欲を失うでしょうし、話し合いの場にも出てこなくなるかもしれない。ワークショップなどの「話し合いの進め方」が大切になるわけです。が、この話し合いの進め方一つとっても、成功する話し合いの定式があるわけではなく、そのとき集まった人たちの顔ぶれ、性格、発言力、人間関係を読み取りながら、毎回進め方を変えなければなりません。ある人の発言を拾い上げて全体に知らせておいた方がいいこともあるし、ある種の発言はその場にとどめておいた方がいい場合もあります。常に、個人と全体への影響力を勘案しながら話し合いの場を進めなければならないわけです。また、参加者のどの発言をブラッシュアップして、さらに面白いアクティビティへと昇華させていくかということも、そのときにならないとわからないことですし、その発言を目ざとく見つけ出して磨き上げる反射神経も必要となります。こうした取り組みが積み重なって、駅周辺に将来できあがるであろう状況を徐々に組み立てていくというのがコミュニティデザインの仕事です。これって、情報化できるようなものなのでしょうか。「プロセスをダイアグラム化する」という言葉はシンプルなのですが、実際には相手がいることですから、その人たちとのやりとりのなかから次のアクションが生まれてくるわけで、そのプロセスを事前にダイアグラム化することは難しいし、そもそもその意味がないような気がするのです。

こういったことをコンペやプロポーザルで表現しようと思うとどうなるのでしょう。きっと「住民を集めてワークショップを実施します」「ワークショップで出てきた意見に基づいてアクティビティを整理します」「アクティビティを実現させられるような空間を提案します」「その空間はきっとこんな形になるでしょう」というような表現にとどまるでしょうね。ところが、その提案のなかにはワークショップの現場で繰り広げられているダイナミズムはほとんど含まれていませんし、上記のような手順なら誰がやっても答えは同じようにも見えます。

平面図やCGなどの表現で奇抜さを競い、コンセプトと形態とがある程度整合していると判断される建築物を選ぶというコンペであれば、これまでの形式でも問題ないと思います。が、ニーズが多様化し、活動のダイナミズムが重視され、経年変化に対応した空間構成が求められるようになると、これまでのコンペやプロポーザルの形式では適切なデザイナーを選ぶことが難しくなるのではないかな、という気がします。延岡でのプロポーザルでは、図面表現は参考程度とし、むしろデザイン監修者の基本的な考え方を提示してもらおうという話になりました。「こんな形の建築を提案します」ということを見せられても、コミュニティデザインとセットで空間のデザインを考えていくプロセスを一緒に進められるような気がしなかったからです。むしろ、「中心市街地の問題をどう捉えているのか」「住民参加で空間をデザインしていく際に何を大切にしようと思っているのか」「単に市民の言うとおりの空間をつくればいいと思っているのか」「そうでなければどの程度のフレームを建築家が提示すべきだと思っているのか」ということが知りたかったのです。

そして、「市民のいろんな意見にしなやかに対応できる性格の建築家か」ということも知りたいと思っていました。だから、プロポーザルでの質問は奇妙なものが多かっただろうと思います（笑）。「あなたなら、この延岡を何色に染めてくれますか？」など、市民からの質問は意図的にびっくりするようなものになっていました。僕たちは、そのとき建築家がどう反応するのかを見ていたのです。このあたりは、審査委員長の内藤廣さんや事務局のメンバーと話し合って決めました。プロポーザルという緊張感のある場で、住民委員からの突拍子もない意見にどう対応するのか。これもまた、住民の意見を取り入れたり、あるいは取り入れなかったりするデザイン監修者に必要な資質の一つだろうと考えたのです。

これまでのように、市民が思いつかないくらい素晴らしいアイデアを専門家が提示し、それをみんなが賞賛して受け容れるという時代ではなくなった今、コンペやプロポーザルという形式自体も見直さなければならないのかもしれません。あるいは、行政が発注者を決める際にもっと違った方法で発注できる仕組みを考えるべきなのかもしれません。それは、現在の随意契約方式の変形版なのかもしれませんし、プロポーザル方式の発展版なのかもしれません。いずれにしても、新しい「設計者特定の方法」が発明されたとき、建築やコミュニティデザインの情報化もまた、進化を遂げるような気がします。
なお、設計者を決めるという目的に対して情報化はどうあるべきかという話をしてきましたが、一方では自分が考えていることを他者に伝えるための情報化は自分自身の思考を整理してくれますし、鍛えてくれるものです。あるいは、混沌とした情報を整理して多くの人に伝えるべき役割もまだまだ必要とされています。その意味では、ノイラートばりの情報整理と表現方法の模索が引き続き重要なことは間違いないでしょう。彼が、難解な哲学を文字が読めない人にも理解できるようにとアイソタイプを開発したように。

二〇一一年十一月十八日
山崎亮

プロポーザル・コンペ批判！

十一信

山崎さま

2011 11.28

プロポーザルやコンペの批判、ついに来ましたか（笑）。山崎さんのようにデザインそのものを新しくデザインしようとしている方にとって、旧来の技術を競い合う設計プロポーザルやコンペは目の上のタンコブのようなもののはずなので、いつかはこの話題が来ると想像しておりました。

プロポーザルやコンペ、これまでの「設計」の枠組みからすると私たちにとってありがたい存在であることを認めます。相当な努力はいりますが、プロポーザルやコンペに対する習熟度が上がれば「勝ちの方程式」がある程度見えてくるように、努力をすれば恩恵を受けられることが見えているからです。一方で「勝ちの方程式」がベタに適用されているような提案に出会うと、プロポーザルそのものの限界を感じます。プロポーザルやコンペが、設計の仕事を受注するための単なる道具に成り下がっているわけですからね。ただ、プロポーザルやコンペという枠組みを通してしかあり得ないような、提案と設計条件のダイナミックな出会いが生まれることも確かで、その出会いを求めて心ある建築家は応募してきたし、審査員も骨を折って仲人役を引き受けてきたわけです。これまでプロポーザルやコンペという方式を通して数々の良質な建築が生まれてきたことは山崎さんだってご存知だと思います。

ただし、今、プロポーザルやコンペはこれまでのような安定した構図を維持できなくなりつつあるのは事実です。建築がさまざまな都市問題を解決する一助となることを期待されるとき、プロジェクトが単に敷地内の課題に答えるだけのものから変化しつつあるなかで、単に建築の設計内容だけを問うことに限界が生じてきているように思います。その一端として住民参加をめぐっての混乱が生じています。これまでの往復書簡で確認してきたように、住民参加には合意形成と主体形成という二つの目的があり、これまでのプロポーザル・コンペ案では住民参加と言えば前者の合意形成型を指していましたが、後者の主体形成に関わるものも徐々に増えてきているのです。私はたまたま山崎さんと親しくさせていただいているので、住民参加にはさまざまな目的があること、これからは主体形成の方が重要になるかもしれないことを教えていただくチャンスがありますが、それはまだまだ少数派。多くの人にとって住民参加はいまだ合意形成の手段というイメージしかありません。にもかかわらず、山崎ウィルス(笑)に犯された若い提案者が、主体形成をすることのみが住民参加だというような提案づくりをしてくる。頼もしいと言えば頼もしいのですが、世代の異なるメンバーで構成される受け手側の事情がちょっと無視されているように思います。

山崎ウィルスに犯されるということが、そもそも今の行政が求めている「設計・監理」という枠組みに異議申し立てを行っているかもしれないことを想像しなくてはいけません。そうすれば、相手の立場や問題意識を前提に入れながらデリケートにかつ丁寧に説明すべきことが見えてくると思うのですが、「今や住民参加は主体形成の道具であることが当たり前」であるかのように説明する提案者が多くてどうかなと思うわけです。それだと合意形成型しか知らない審査員は混乱するし、また独りよがりな物言いは、コミュニケーション能力が問われるファシリテーターとしての能力の欠如を露呈してしまい、そもそもこの応募者に住民参加をまかせていいのかしらという疑いが出てきてしまう。するとせっかく主体形成のプロセスを含んだ面白い提案のリアリティが、一気に失われていくのです。

そうした不幸が起きるのは、山崎さん言うところの「ワークショップの現場で繰り広げられるダイナミズム」に関する感覚がないままに、建築プロセスの理想像として住民参加を提案してくることが原因なのかもしれません。そもそも審査員にとってなんだかよくわからない主体形成型の住民参加を提案するわけですから、相当なコミュニケーションの技術が必要とされるように思います。主体形成の異議を的確に説明することもさることながら、抜群の笑顔とユーモアを交えた話し方をもってコミュニケーション能力を証明することも行い、ついでに「なんかよくわからないけど面白そうだから、まかせてみるか」とも思わせなくてはならない。いつもの(?)山崎さんの戦術ですね。でもstudio-Lのスタッフは次の「山崎」として着々と鍛えられつつあるのかと思いますし、まったく別の方面から山崎さんと違った個性で参加のデザイン、コミュニティのデザインを展開する才能はこれからどんどん出てくるはずです。そうした新しいタイプの能力をもつ人を選ぶときプロセスのダイアグラムなどやっぱり意味はなくて、対面でのコミュニケーションぐらいしか方法はないような気がします。ただし今行われている審査のようにたった数分で能力を証明しなくてはならないようなサバイバルゲームのような方法ではなく、もう少し時間をとったものである必要があるのかもしれません。そもそも住民参加やコミュニティのデザインの審査の問題以前に、プロポーザルやコンペで設計案が一次、二次と合わせて二日ぐらいで審査していることそのものがおかしいという意見もありますよね。

多大な労力を必要とするコンペティション案を無償で要求すると、経済的余力のある大規模な事務所ばかりが勝つことになってしまう。その不公平をなくすためにプロポーザル方式が生まれたわけですが、できるかぎり設計者の負担をかけずに提案してもらいたいという思いからか実行性の証明が難しいような中途半端な図面や提案を求め、さらに審査員の人件費もバカにならないということから短い時間でパッパと審査せざるを得ない状況が生まれている。山崎さんの言うプロポーザルなどの設計案の「奇抜さを競う」風潮は、こうした選定プロセスの貧しさも大きな理由の一つなのでしょう。提案者にきちんとしたお金を支払って具体的な資料を求め、もっと時間をかけて選ぶことが当たり前の国もあるようですよ。

仮に何かを選ぶことに対してもう少し時間や労力をかけることが当たり前になった場合、情報化という事情はどこまで変わるのでしょう。住民参加やコミュニティのデザインのプロセスを情報化することが不要になるかもしれませんし、同時に設計案も平面図やパースなどモノの情報だけでデザインを競い合うこともなくなるのかもしれません。そもそもノイラートのように定量的な情報を視覚化することが不要になって、ラテン系の人びとのようにひたすらしゃべり続けることが重要になるかもしれませんね。するとデザインそのものがまったく変わるような気がします。

二〇一一年十一月二十八日

乾久美子

十一信

乾さま

2011 11.30

山崎@延岡です。今日はご一緒している延岡で、商店街の方々とワークショップです。前回の委員会で商店街の方が「我われも立ち上がらねばならない」と発言されたのはびっくりしましたね。とても嬉しかったです。それに呼応して自治会の方も「我われもだ」と立ち上がった。とてもありがたいことです。「中心市街地を活性化する」というお題目は全国で掲げられていて、しかしそのほとんどがうまくいっていない。延岡でも商店街組合のみなさんがこれまでいろんなイベントを行ってきましたが、結果は芳しくなかったそうです。自治会も同じくさまざまな取り組みを試みたものの、自治会加入率は上がらず、高齢化は進んだ。そんな商店街や自治会に「コミュニティデザインをやるから協力してください」と言っても、「我われもこれまで散々いろんなことをやってきた。今さらあんたの言うことに協力してもうまくいくとは思えない」と言われてしまうことでしょう。これまでに本気で取り組んだことがある人たちであればあるほど、その限界も実感しているところだと思います。

こうした人たちに「今度の取り組みはこれまでと少し違います」と何度説得したところで話を聞いてくれるとは思えません。どれだけ秀逸なダイアグラムをつ

延岡ワークショップの様子（撮影：延岡市）

くって示したところで、「うまくいくとは思えん」と言われることでしょう。それは、乾さんが言うように、プロポーザルの審査員にコミュニティデザインのプロセスをダイアグラム化して見せるようなものです。「合意形成ではなく主体形成が大切なのです！」と叫んだところで、なかなか理解してもらえない。やってみせるしかないんですね。だから延岡では、自治会や商店街など、地縁型コミュニティや共益型コミュニティではなく、市内で活動するＮＰＯやサークルやクラブなどのテーマ型コミュニティの人たちと一緒にプロジェクトをスタートさせました。当初は、「駅前のことなんだから、まずは商店街や地元自治会と一緒に取り組むべきではないか」と言われたこともありましたが、上記のような理由からまずはテーマ型コミュニティと一緒に、自分たちがやりたいことを持ち寄って話し合うワークショップを始めたわけです。このワークショップに商店街関係者や自治会関係者にも個人的に参加してもらって、誰がどんなことを発言しているのか、市民の熱気がどう高まっているのかを感じてもらいました。その結果、商店街や自治会が動き出そうとしています。今日のワークショップで商店街の人たちがどんな話をするのか、とても楽しみです。

「プロポーザルの場で建築家に主体形成ワークショップの重要性を熱弁されても困っちゃう」という乾さんの話はよくわかります。その点について、考え方は二つあるような気がします。もし、ソフトもハードも合わせてプロポーザルで決めなければならないのであれば、建築家が自ら主体形成ワークショップについて語るのではなく、チームを組んでワークショップをコーディネートする役割を別の人に担ってもらうのがいいでしょう。構造家と組むように。建築家と構造家とランドスケープデザイナーとコミュニティデザイナーが組むとか。プレゼンテーションの場では、建築家は建築について語ればいいし、コミュニティデザイナーがワークショップについて語ればいい。コミュニティデザイナーが建築家と一緒にプレゼンテーションの場に並ぶのであれば、ソフトについてはコミュニティデザイナーが語り、ハードについては建築家が語り、この両者が設計のプロセスから施工、事後の運営まで、矛盾なく協働することによって建築やまちの魅力を高めることができると主張すべきでしょうね。このあたりは、ハードとソフトを統合化し、止揚させて提案する際のチームがどうあるべきかということに関わる課題でしょう。

もう一つは、ソフトに関する提案はプロポーザルでは決められないという見方です。乾さんがご指摘のとおり、プロポーザルではなく、もっとじっくりと時間をかけてコミュニティデザイナーを選ぶというプロセスが必要なのかもしれません。コミュニケーション能力や課題発見能力や課題解決能力など、ソフトを担当するデザイナーの質をじっくりと見定めるような枠組みが必要になるのかもしれません。その点から言えば、延岡のプロジェクトは一つの理想的な進め方だったんだと思います。市役所の担当者は何度も何度もヒアリングを重ねてソフトのデザインの中身を理解し、ハードのデザインはプロポーザルで監修者を選ぶ。僕と乾さんの選ばれ方が違っていたのは、ソフトとハードのデザインが違う特徴をもっていて、デザイナーの選び方もまた違っていなければならないからだったのかもしれません。

以上のように、延岡のプロジェクトは建築デザインにとってもコミュニティデザインにとっても、いくつかの点で重要な取り組みがなされているように思います。新建築社の橋本純さんがこのプロセスを記録し、まとめておいた方がいいと考えているのも頷けます。そのとき、このダイナミズムをどうまとめるのかということも大変重要になるでしょうね。平面図や立面図だけではなく、ノイラートのようなダイアグラムも大切になるでしょうし、乾さんが言うように、ラテン系の人のようにしゃべり続けることが大切なんだとしたら、それをどうやって書籍にまとめるのか。

そう、書籍という形式がいいのかという話にもなりますね。建築に「作品集」があるとして、延岡のようなプロジェクトの場合、これまでの作品集という形式では表現できないことがあまりに多い。僕が『コミュニティデザイン』という本を書いたときも、建築をデザインしてきたわけではないので作品集はつくれないから、「プロジェクト集」をつくるとすればどういうフォーマットにするのがいいか、ということを考えました。竣工写真と図面と解説文が並ぶというフォーマットではないことは確かです。プロジェクトを進めていくなかで出てきた言葉や感動、市民同士が協力することになったきっかけ、参加者の感想などを時系列でまとめていくしかないかな、と思いました。だから「ものがたり」のようになったんですね。建築家の作品集が写真集のような形式に収まることが多いのと同様に、コミュニティデザイナーのプロジェクト集は「ものがたり集」のようなものになるのではないか、という気がしています。あるいは映像としてまとめるか。

いずれにしても、僕たちはコミュニティデザインに関するプロジェクトをどう

『コミュニティデザイン』（山崎亮著、学芸出版社、二〇一一）

まとめて発信するのか、ということについて、もっと他のオプションを見つけておいた方がいいなぁ、という気がしています。『コミュニティデザイン』について「ノウハウ本になっていない」「教科書にならない」などという意見をもらうことがあるのですが、僕としては上記のように「作品集」でも「教科書」でもなく、プロジェクト集をつくったつもりだったので、もし必要なら他の形式の書籍*はまた別の機会につくりたいと思っています。

乾さんがおっしゃるとおり、建築が大切にしようと思うことがこれまでと少しずつ変わってきているのであれば、プロポーザルやコンペのあり方を変えるだけでなく、作品集というフォーマットもまた少し変化させないと、本当に伝えたいことが伝わらないことになってしまうかもしれませんね。その意味では、乾さんが『浅草のうち』で伝えたいと思っていた建築の質は、絵本というフォーマットでなければ伝え切れなかったものなのかもしれません。あれは興味深い試みだと思います。

二〇一一年十一月三十日

山崎亮

*他の形式の書籍
その後、コミュニティデザインの実践を追体験するためのアドベンチャーブック『コミュニティデザインの仕事』(studio-L著、山崎亮監修、ブックエンド、二〇一二)を出版した。

十二信

山崎さま

2011 12.11

問題を解くためのドローイング、プロジェクトを進めるためのシナリオプランニング

『浅草のうち』をお褒めいただきましてありがとうございます。こっそりstudio-Lにお送りしておいた甲斐がありました(笑)。浅草の都市構造のようなものを取り出して、それを建築に適用してみたらどうかという提案なのですが、その面白さを表すためにはパラレルワールド形式でストーリーを進めるのが良いだろうと考えたわけです。浅草のプロポーザルを表現する本をつくることではなく、建築にまつわる絵本をつくることがお題目だったのですが、建築という堅い対象を、わりとうまく絵本の文化にすり寄らせることができたと感じています。

さて、この間の手紙でも指摘があったように、コミュニティデザインが展開していく要素の多くは「アドリブ的」なものですね。延岡で進行中の「駅まち市民ワークショップ」に立ち会うようになってわかってきました。その要素によっては最初に設定した目標すら変えかねないほどに、非常にダイナミックなものです。著書『コミュニティデザイン』を「プロジェクト集」としてつくったとのことですが、事務所でそれぞれの案件のことってどう呼んでますか？　「プロジェク

『浅草のうち』(乾久美子著、平凡社、二〇一一)

ト」なのかしら。第三者の立場から見ていてもstudio-Lのさまざまな仕事をプロジェクトと呼ぶことに違和感を覚えますが、しかしプロジェクトというものが最初に思い描いた絵をそのとおりに実現するために立ち上げるものではなく、とある望みに向かうためのモーメントだと考えれば、まさにプロジェクトなのかなあとも思ったりします。プロジェクトはあくまでも可能体であるに過ぎず、目的やプロセスがガチガチに定められていることが当たり前の建設行為であってもプロジェクトは常に変容し続け、加筆修正されながら進んでいくのが常なのですから。

話が変わりますが、建築雑誌『a+u』二〇一一年十一月号はアンドレア・パラディオ*特集で、とても面白かったです。主に現代建築を扱う『a+u』が古典建築を取り上げているのに驚き、しかもプランを検討中（なんと五世紀も前のもの）のドローイングが現代の作家のそれであるかのような鮮明さで掲載されていて、まるでパラディオが現代で活躍しているかのようでした。保存状況が良いことがその印象を強めているのですが、検討していることの内容が、現代においてもそのまま通じるようなものだったからです。代表作であるヴィラ・ロトンダ*と言えばナイン・グリッドの構成が有名なのですが、このナイン・グリッドの可能性が現代においていまださまざまな建築家によって繰り返し追求され続けていること

アンドレア・パラディオ（一五〇八〜一五八〇）
イタリア後期ルネサンスの建築家。古代ローマの遺跡やウィトルウィウスを研究し、厳格な古典形式の作品を遺した。また、主著「建築四書」（一五七〇）は、のちの建築界に大きな影響を及ぼした。

ヴィラ・ロトンダ
北イタリアのヴィチェンツァ郊外にあるルネサンス期の別荘建築。一五六七年着工、一五九一年完成。中央にドームを載せた正方形プランをもち、四方にイオニア式神殿風の柱廊玄関と階段が対照的に張り出す。パラディオの傑作の一つとされる。

*
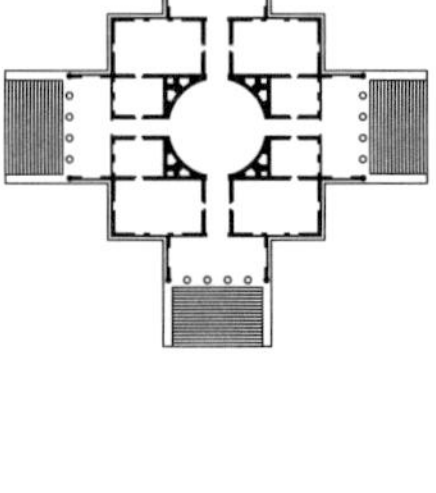

に現れているように、彼のつくりだした不変的な「問題」が時代を超えて生きながらえているのです。

ナイン・グリッドのような建築固有の問題は他にもさまざまにありますよね。不変的なものや、短命のものなどいろいろあります。数学者が数式の可能性を考えているときに時代や国や文化を超越するように、建築固有の問題は現実とは無関係なレベルで展開することが可能です。そのため問題を解かんとプランを検討することと、現実のプロジェクトを推進することとの間には深い溝が存在します。最高の建築家であっても問題を解くこととプロジェクトを推進することを完全に一致させることがまれであるように、その溝はけっこう深い。山崎さんが批判するところの「平面図やCGなどの表現で奇抜さを競い、コンセプトと形態とがある程度整合していると判断される建築物」は問題しか解いていないから、そのようなネガティブな印象を与えるのかもしれません。建築のそのような傾向を考えていると、果たして建築はこれまでプロジェクト足り得たことがあるのでしょうかね…。また建築のドローイング技術も、これまでプロジェクトを可視化することなど一度たりともできていないのかもなとすら思い始めてしまいます。

いや、いくつかの事例はありますね。建物の端部をトリミングによって見せない「ニューバビロン」のドローイングのような方法で、プロジェクトのモーメント性を表すような技術はありますね。あるいはメタボリズムもそう。最近であれば石上純也*さんのように、ぎりぎりの計算で成り立つような構造であることが明白な「薄い」ドローイングも「プロジェクト」がもつモーメント性を明解に表していると言えるでしょう。だけどそうした良質の事例を思いつくたびに、それらがファンタジーの世界にとどまることにがっかりするのも確かなのです。ファンタジーというか泥臭い現実のためのプロジェクトのもつ複雑性からはほど遠い。そう、プロジェクトを一瞬で理解させることのできるような技術など、なかなかないのかもしれません。さまざまなメディアと方法論を組み合わせてはじめて、浮かび上がってくるようなものなのでしょう。考えてみれば、設計から竣工までのプロセスを赤裸々に、そしてさまざまな方法で記述した「せんだいメディアテーク」のドキュメント群は、プロジェクトという総体を浮かび上がらせている希有な例なのかもしれません。

　申し訳ありません。話を展開しようとしましたが、結局、これまでのやりとりを反芻する内容になってしまいました。建築大好き人間にとって建築ドローイン

*石上純也（一九七四〜）
建築家。代表作に神奈川工科大学KAIT工房（二〇〇七）、アーキテクチャー・アズ・エア（二〇一〇）など。

グやダイアグラムの可能性はいつでも「無限大」なのでしつこく考えてしまいましたが、そろそろそうした幻想を捨てなくてはならないのかもしれませんね。

二〇一一年十二月十一日

乾久美子

十二信

乾さま

2011 12.23

山崎@芦屋です。今日は一日自宅にて執筆です。久しぶりにこういう時間をつくることができました。ついつい手元にある他の本を読んじゃったりして、「いかんいかん、執筆を続けなきゃ」と思い直したりしています（笑）。そう思い直して、乾さんへの返事を書き始めました。

studio-L では、それぞれの仕事のことを「プロジェクト」と呼んでいます。確かに最初は違和感がありました。プロジェクトというのは、あらかじめ描いた絵をそのとおりの実現するために立ち上げるものだというのが一般的な意味ですので、僕たちのような「行き当たりばったり」な仕事を「プロジェクト」と呼ぶのは適切ではないのかもしれない、と思いましたね。ところが、他にどう呼べばいいのかわからないので、結果的に「あのプロジェクトはどうなってる？」って言うようになってきて、今では普通に「プロジェクト」という言葉を使っています。先日スタッフに確認したところ、二十五地域で五十五プロジェクトが動いているとのことです。延岡の場合は一地域で一プロジェクトが動いていることになりますが、他の地域だと五つのプロジェクトが動いていたりします。

延岡で市役所の人たちと最初に話をしていたときに「シナリオプランニング」という言葉を使いました。これは僕たちが関わるプロジェクトの進め方を説明するのに便利な言葉なのです。もともとは軍事的な意味合いをもった言葉だったそうですが、コミュニティデザインのプロジェクトの進め方にも当てはまるところが多いと思っています。シナリオプランニングでは、最初に目指すべき未来像とそこへ至るシナリオを組み立てるのですが、シナリオは常に四種類用意しておいて状況がどう変わっても別のシナリオへとスムーズに移行できるようにしておきます。社会情勢の変化については、大きく二つの軸を設定するんですね。例えば、「テーマコミュニティがたくさん集まった場合、集まらなかった場合」を横軸に、「商店街が協力的な場合、非協力的な場合」を縦軸にとる。そうすると四つの象限が生まれますね。「テーマコミュニティがたくさん集まったけど商店街が協力してくれない場合」とか「商店街が協力してくれるのにテーマコミュニティが集まらない場合」など、それぞれの未来が設定される。それらに応じた四種類のシナリオをつくっておくというのがシナリオプランニングの進め方です。四つのシナリオのうちの一つへと到達するわけですが、到達したらまた新たな軸を設けて四つのシナリオをつくる。これを繰り返しながらコミュニティデザインのプロジェクトを進めていきます。他にも、「JR九州が駅舎の改修に協力的な場合、非協力的な場合」とか「議会が理解してくれる場合、してくれない場合」など、その時々によって検討すべき内容を二軸に落とし込んで四つのシナリオを考えます。これらを頭のなかに描きながらワークショップを実施していますので、市民からどんな意見が出てきたのかによって、そこでどういう未来像を提示するのかを繰り返しているというのがワークショップの現場で僕たちがやっていることです。おかげさまで、今のところ「テーマコミュニティがたくさん集まり、商店街も協力的になってくれた」という状況になっていますので、次のシナリオをまた四種類準備しているところです。先日の商店街との話し合いでは、「商店街もまちの活性化のために何かしたいのだが、私たちはどんなイベントをやればいいだろうか？」という意見が出ました。「人を集めるためのイベントはテーマコミュニティがやってくれます。商店街の人が同じようにイベントを開催して、そのためにご自身のお店を閉めてしまうのでは本末転倒です。商店街の人には、ぜひとも品揃えをチェックしていただき、集まった人たちが楽しく買い物ができるようなお店づくりを心がけていただきたいと思います」と伝えてきました。また、同時に空き店舗をテーマコミュニティが使いたいと言う可能性があるので、商店街の人間関係を駆使して、空き店舗のオーナーに格安で店舗を貸してもらえるよう交渉してもらいたいということも伝えました。商店街の人たちに協力してもらいたいところは、今のところその二点だと思っています。

このように、シナリオプランニングによってコミュニティデザインを進めていることを延岡市役所の人たちに説明した当時、課内で「シナリオプランニング」という言葉が流行ったそうです（笑）。居酒屋で注文するときも「シナリオプランニング的には唐揚げも頼んでおいた方がいいのでは？」などという会話になっていました（笑）。

コミュニティデザインに携わる立場から見れば、軸のなかには「建築家が適切なプランを提示してくれた場合、くれなかった場合」というものも含まれます。コミュニティの意見をあれだけ聞いたのに、建築家が暴走して自分がつくりたいものをつくってしまった場合、僕たちはコミュニティの人たちとともにどういう行動を起こすべきかを想定しておかねばなりません。もちろん、乾さんの設計プロセスは非常に丁寧で、毎回ワークショップに参加してくれて、市役所やＪＲやその他の団体の意見も組み合わせながら、複雑なパズルを解いてくれていますので、この軸については心配していません。ただし、前回の手紙にあったとおり、ここに「建築固有の問題」が絡んでくると市民が望まないシナリオを辿らねばならないことになりがちです。僕もかつて設計に携わっていたから、建築固有の問題が存在することはよくわかります。それを鮮やかに解くことが建築サークル内でのステータスにつながることもよくわかります。しかし、そのことに注力しすぎるとプロジェクト全体のパフォーマンスを下げてしまうことがあることも事実です。乾さんがおっしゃる「問題しか解いていない建築がプロジェクト全体に与えるマイナスの影響」について、僕たちはたくさんの前例を知っていますよね。これ以上、その種の前例を繰り返して、建築の信頼を失墜させてはならないと思います。例えば福祉分野や教育分野の人たちは建築固有の問題を共有していませんから、そこにこだわる建築家の姿勢を眺めながら「こんな人に頼むんじゃなかった」と後悔していることでしょう。実際、かつて建築の設計に携わっていたという話をすると「実は建築家に文句があるんだ」という声を聞くことがかなりあります。そのほとんどが建築固有の問題にこだわりすぎた結果なのです。プロジェクト全体から見れば建築は一つの要素に過ぎません。もちろん、コミュニティデザインも一つの要素です。プロジェクト全体と自分が関わっている要素とのバランス感覚は、どの要素に関わる人にとっても重要なものだと思います。レム・

コールハースという人は、そのことにかなり自覚的なんじゃないかと思います。ＯＭＡで建築のディテールに長い時間悩み続けているスタッフに対して、コールハースが「そんなに悩むな。たかが建築じゃないか」と声をかけたという記事を読んだことがあります。前後の文脈は覚えていないのですが、プロジェクト全体の価値を最大化させようとする建築家には、建築固有の問題についてこだわるべき点とこだわるべきではない点がよく見えているんだろうな、と感じたことを覚えています。

プロジェクトをシナリオプランニングで進めていこうとする場合、シナリオを組み立てるそれぞれの段階において固有のモーメントが必要になります。ニューバビロンやメタボリズムのやり方に一定の可能性を感じつつ、同時にそのモーメントが照射するファンタジーの単純さに幻滅してしまうという点は同感です。僕たちはもっと複雑に絡み合った要素同士の関係性をマネジメントしようとしているわけです。このダイナミズムを伝えるための方法論は圧倒的に足りていません。ドローイングやダイアグラムでそれが伝えられると思いたい気持ちは僕も同じですが、確かにそれらが幻想だということを自覚した方が先へと進みやすいのかもしれませんね。

さて、年末ですね。これまでのペースを鑑みるに、次の手紙をお送りするのは年明けになりそうです。ということで一言ご挨拶を。今年は本当にいろいろお世話になりました。乾さんと一緒にプロジェクトに関わることができてとても楽しかったです。来年もどうぞよろしくお願いします。良いお年をお迎えください！

二〇一一年十二月二十三日

山崎亮

こは「自分の責任で自由に遊ぶ」公園です。
子どもたちが「やってみたい!」を最大限
カタチにするチャンスのある遊び場です。
子どもたちが自由に遊ぶためには
「事故は自分の責任」という考えが基本です。
地域のおとなたちと渋谷区が協力してこのプレーパークをつくっています。
こわれているところをみつけたり困ったことがあったら
プレーリーダーやスタッフに伝えてください。
はるのおがわ

追伸

先日、ずっと気になっていた近所の公園に行ってみました。すると、単なる区立の公園だと思っていたら、子どもの頃に憧れていた秘密基地の様相を呈していました。うっそうとした木々の間にツリーハウス状のストラクチャーがＤＩＹでつくられており、その一角では大人が楽しそうに煮炊きをしているではないですか。場所は渋谷区。都会のど真ん中でキャンプ？とあぜんとながめていたのですが、小さな看板に、この公園ではパークマネジメントがきちんとなされている旨が書かれていました。煮炊きをしているキャンパーらしき人たちは、区から公園の管理をまかされている方々だったわけです。八年前からこうした状態になっているんですって。やっぱり人がいることが一番！　単なる児童公園でも面白くなるんですね〜。

乾久美子

冬の手紙

コミュニティって、何だろう

十三信

山崎さま

2012 1.7

二〇一二年がスタートしましたね。本年もよろしくお願いします。

さて、事務所の机の背後にあるマイ本棚にはついついネットで購入してしまう「読まなきゃ」本がたくさん詰まっており、その存在が毎日のようにプレッシャーをかけてきて精神衛生上よろしくありません。休みの日やお盆、正月がそれらをやっつける格好の機会なのですが、今年の正月休みは暦のせいで短かったからかほとんど手がつけられませんでした。かろうじて完読したのが東浩紀*さんの『一般意志2・0』だけ。いつもであれば「ああ一冊しか読めなかった」と自責の念にかられるわけですが、この『一般意思2・0』は量の問題を満足度でカバーしてくれるものでした。思想系の小難しい内容なのかなあと読み始めたところ、ここ最近の興味である山崎さんのやっていることや集合知などに大変に関わりのある内容がもりこまれており、かなりリアリティをもって読み進めることができたからです。一冊だけにもかかわらず「ああ、今年の正月もちゃんとこなしたわ。フフフ」という気分を十分に与えてくれました。

東浩紀（一九七一〜）
思想家、小説家。株式会社ゲンロン代表取締役。著書に『存在論的、郵便的』（一九九八）、『動物化するポストモダン』（二〇〇一）、『クォンタム・ファミリーズ』（二〇〇九）、『一般意志2・0』（二〇一一）など。

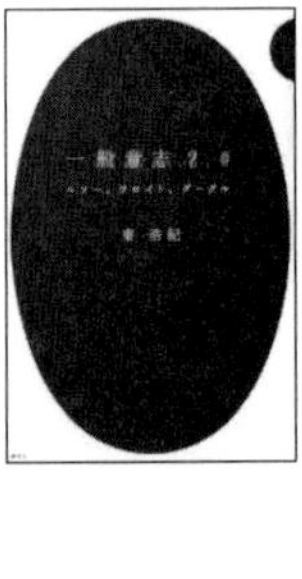

『一般意志2・0』（東浩紀著、講談社、二〇一一）

この本のなかではウェブ上のアーキテクチャが捉える新しいタイプの集合知が何を表しているのか、そしてそれを何に利用できるのかが探求されています。ルソー*がかつて説いた一般意思とは人びとの「集合的な無意識」を表していて、時代は違えどもフロイト*の言うところの無意識と通じるところがあるのではないか。かつては神秘主義的なイメージでしか捉えることのできなかったそうした集団的無意識というものをグーグルやSNS、ツイッターなど情報集積にすぐれたアーキテクチャによって生まれたデータベースによって可視化できる時代に生きているのではないか。そんな興味深い仮説からスタートするわけですが、個人的に最も興味を引かれたのは、そうした集団的無意識を単にハーバーマス*のように熟議を前提とする公共圏のあり方と対立的に捉えるのではなく、無意識と熟議の両方を活用しながら「よろよろと」国家を「統治」していくのがいいのでないかと語られているところでした。人間そのものが無意識の欲望の抑制を時に成功し、時に失敗しつつ「なんとか自我の統一を守っている」ことを社会全体でもあてはめて考えてもかまわないじゃないかというわけです。

「ああ、こういう方法ならば、自然とうまくいくのかも」と思わせるリアリテ

ジャン＝ジャック・ルソー（一七一二〜一七七八）
フランスの思想家、小説家。著書『社会契約論』（一七六二）において、公共利益を指向する「一般意思」を提唱、近代民主主義理論の基礎と位置づけられている。その他著作に『エミール』（一七六二）、『告白』（一七六六）など。

ジークムント・フロイト（一八五六〜一九三九）
オーストリアの精神分析学者、精神科医。人間の無意識に着目し、精神分析を創始した。『夢判断』（一九〇〇）、『精神分析入門』（一九一七）など著作多数。

ユルゲン・ハーバーマス（一九二九〜）
ドイツの社会学者、哲学者。公共性論やコミュニケーション論の第一人者。

イをもっていました。二〇一二年一月号の『新建築』(あ、山崎さんは今年の月評の担当になりましたね。ただでさえ多忙なのにご愁傷さまです(笑)。毎月楽しみにしてるのでがんばってください！)に書かせていただいたテキストで、山崎さんのコミュニティデザインはハーバーマス的な公共圏を可能にする有効なツールに足り得るのではないかと指摘した矢先のことなのですが、それとはまた別の方向で公共や社会のあり方や統治の方法について理想主義的な思考回路に陥らない考え方を知ったように思います。さらに本書はアレグザンダーの高速道路の位置決定に対する提案を引き合いに出しつつ、集団的無意識をより具体的に利用する方法を提案しています。二十六の要因を重ね焼きしてできあがったあの血管のような図を、何か一つのデザインを「決定」するものとして捉えるのではなく「むしろデザインに制約を与える方法論」だと考えるべきではないかと主張しているわけですが、ここには頷いてしまいました。そう、あの図は「最低限、間違った場所に高速道路を通してくれるなよ！」と主張する図だったのです。

住民参加で合意形成というとどうしても一つの意見に集約しなくてはいけないようなイメージがつきまといますが、現実にそうした状態にもっていくことは非常に難しいですよね。どこかでだれかが何かをコントロールしないと参加者の総

アレグザンダーによるマンハイム高速道路計画におけるグラフィック・テクニックに関するスタディ(一九六二)(出典：磯崎新『建築の解体』鹿島出版会、一九六二)

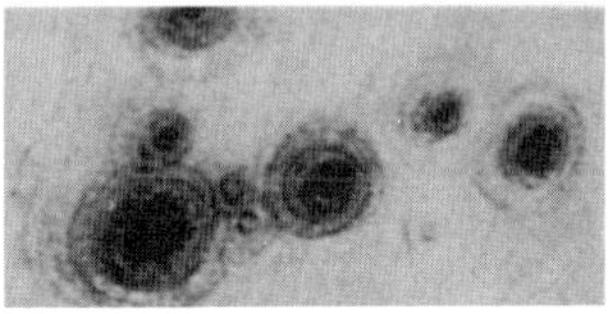

諸サーヴィス

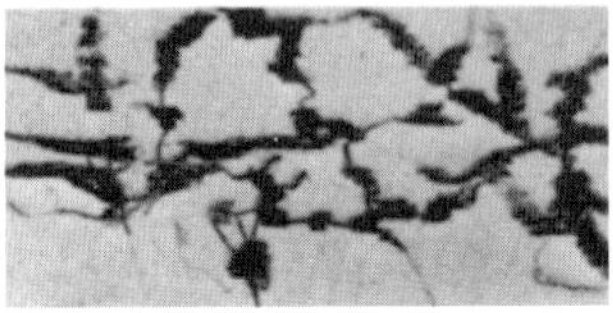

当該地方の土地開発性

意など生まれようはありません。そのことを嫌って住民参加による集合知をそのままダイレクトにデザインに置き換える方法もあるにはありますが（ルシアン・クロールなどによる試み、日本においては象設計集団*の試みなどでしょうか）、何かえも言われぬ違和感を覚えます。その違和感が、集団的な「無意識」に対する盲目的な従順さを感じるところから来ていることが、この本を読んでいてなんとなくわかったわけです。例えば象設計集団による図像性の高いモチーフは、見たくないのだけど凝視してしまうような距離感で迫ってきてチョッと苦手なのですが、リビドー的とでも言えばいいのか、あれが「無意識」を造形に置き換えたものだと考えると非常に納得します。

市民ワークショップなどで出てくる意見、つまり集合知とどのように向き合っていくのか、それは山崎さんが全国の自治体で、そして私が延岡で考えるべき現実的な課題ですね。一方、その集合知という問題は、ウェブ上でこれまでにない形で可視化されることが明確になってきた現代において、国もしくは世界レベルでの政治や思想を語るうえでも欠かせないことが『一般意思2・0』などを読むと理解することができます。前回の往復書簡で「シナリオプランニング」について

*象設計集団
一九七一年、吉阪隆正の下にいた大竹康市と樋口裕康、富田玲子、重村力、有村桂子の五名によって発足された建築家集団。代表作に沖縄県の名護市庁舎。（図出典：象設計集団編著『空間に恋して』工作舎、二〇〇四）

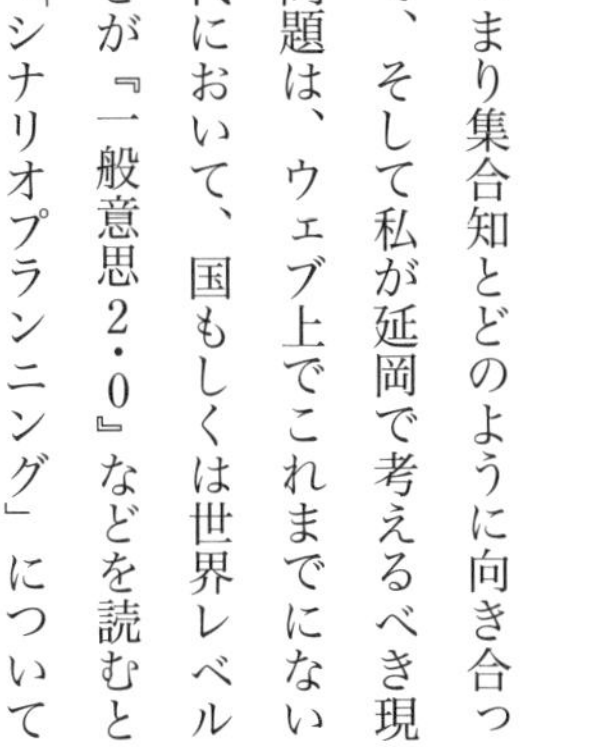

教えていただきました。それもまた集団的無意識を意識的に「よろよろと統治」する方法論なのかなあと思ったのですが、いかがでしょう。市民ワークショップなどで出てくる意見とは何なのか、それは意識的なものなのか、無意識のあらわれなのか、山崎さんはどんなイメージをもっておられるのかを率直に伺いたい気がしました。

二〇一二年一月七日

乾久美子

十三信

乾さま

2012 2.4

山崎@芦屋です。つい先ほど、『一般意思2・0』を読み終えました。前回の手紙をいただいてから一ヶ月。本を読むのが遅いにしても程がありますね。失礼しました。ただでさえ本を読むのが遅いのに加えて、移動時間はすぐに寝てしまう癖があるので、結局課題図書を読み終えるのに一ヶ月もかかってしまいました。「読んでから返事を出さなくちゃ」という思いが、「まだ読み終わってないから返事を出さなくてもいいや」という言い訳に変化していく心理的なプロセスを発見することができた新鮮な一ヶ月間でもありました(笑)。

さて、件の『一般意思2・0』ですが、興味深い書籍ですね。意識と無意識のバランスを政治にも取り入れようという提案は「なるほど」と思いました。この話を国レベルの政治の話として捉えるか、僕たちが関わっている地域レベルのワークショップの話として捉えるかによって、その考え方は少し違ってくるだろうな、という気がします。国レベルであれば、ツイッターなどによって全国(あるいは全世界)から集まってくるさまざまな意見の集合体=一般意思を参考にして熟議を進めればいいだろうと思いますが、地域ごとの話し合いには個別具体の案件がたくさん含まれますので、そこにすべて同じ「一般意思」を適用させるのは難しいのではないかと考えるからです。延岡の商店街の空き店舗を活用するためにオーナーを説得しなくちゃならないのだけれど、どんな使い方ならオーナーは納得してくれるだろうか、という話をしているときに、世界中から集めた無意識的な「一般意思」をどう参考にするのかは難しいところです。国家や政府について話をするのなら『一般意思2・0』という話も納得できるのですが、地域の政治について考えてみると「特殊意思」を「一般意思」まで無意識化させ、それを地域政治に還元させるという方法は少々まどろっこしい。むしろ、その地域に住む人たち一人ひとりがもつ「動物性」と「人間性」を同時に捉えた方が話を進めやすいのではないかと感じました。

なぜなら、そこにこそ主体性の問題があるからです。ツイッターなどで特殊意思をアップロードし続け、その集合を一般意思として可視化させ、それを参考に熟議する。となると、東さんが表現するところの「大衆」は無責任でも何でもいいから、とにかくつぶやけばいいということになる。地域社会のことに目を向けなくてもいいから、世界に対してつぶやき続ければいいことになる。でも、僕たちがワークショップの場で大切にしたいと思っているのは、つぶやいた本人がつぶやいたことに対して責任をもつという状況なのです。「言ったからには、やりましょうね」という確認作業を重視しているのです。だから、話し合いをユーストリームやニコニコ動画で公開し、そこに関係しない無数の人たちが誹謗中傷も含めて勝手につぶやきまくって、その集合を可視化させることによってワークショップの場に何かが還元されたとしても、そこで決定された政策に参加しようとする意識が醸成されないのであればほとんど意味がないわけです。国の政策ならそれでいいのかもしれませんが（最小国家という概念であれば）、地域の意思決定はそうも行きません。最小国家が最小でいられるためには（外交と防衛と治安維持だけを担えばいい状態であり続けるためには）、地域の政治が充実している必要があるからです。地域の政治が充実しているためには、地域住民がしっかりと地域で活動する必要があるからです。

だからこそ僕たちは主体形成ワークショップを大切にしたいと思っているわけですが、細かく見れば僕たちの方法のなかにも一般意思に似た考え方をもっている点があります。乾さんも僕たちのワークショップを見ていて感じていることかもしれませんが、そこに「熟議」というものはほとんど現れません。付箋に書かれたキーワードがたくさん集積するだけです。しかも、「三分で書き出してください」とか「あと五分でまとめてください」など、スポーツをするように時間を区切って「質より量」を重視して意見を出してもらいます。その結果、ＫＪ法でまとめられた模造紙を眺めると、参加者の無意識の集合が可視化されていることがわかります。「Yes, and…」という話し合いのルールを設定することで、否定しないで出せる意見をできるだけ多く出す。この方法は、熟議型に慣れた参加者には違和感のあるものかもしれません。が、ワークショップで議論してもほとんどの場合はみんなが満足する答えは出てきません。このあたりは東さんの考え方と同じです。むしろ、より多くの意見を出してもらって、それをグループごとにまとめて、他のチームがまとめたものと比較してみると、驚くことにどのチームもおおむね同じような意見になっていることが多い。こうして目に見えるカタチで整理された意見を並べてみると、その集団が無意識に望んでいた将来像が見えるようになってくる、というのが僕たちのワークショップの方法です。

こうしてまとまった意見は、設計者である乾さんに渡されます。これはアレグザンダーの諸条件のように、高速道路を間違ったところに建設しないように注意を促す指標になります。「間違った空間を設計してくれるなよ」という条件の一つになるということですね。ただし、設計者はその条件にだけ従って設計するわけではありません。そのワークショップの場に参加しなかった人もいるわけですし、参加したくても参加できなかった人もいるわけです。地域住民ではない人も駅を利用するわけです。だからこそ、設計者はワークショップの結果を参考にしながらも、さらに多くの利用者や将来世代の利用方法を想像しながら設計を進めることになります。これが、東さんが言うところの熟議と無意識とのバランスをとりながら「よろよろと進める」設計のあり方なのではないかと思います。設計の場合は、他にもＪＲの意見や市役所の意見、その他の交通事業者の意見や防災の観点など、アレグザンダーが用意した二十六のシートのような諸条件があります。だからワークショップの意見は二十七枚目のシートのような扱いになるでしょう。その点についても、『一般意思２・０』ときわめて似た構図になっていると思います。

ここまでは僕たちのワークショップを『一般意思２・０』になぞらえて語ってみたことです。が、冒頭に書いたとおり、人びとの意見を聞きながらハードを設計することや政策を立案することは、コミュニティデザインの一つの側面でしかありません。もう一つの大切な側面は、その場で話し合っている人たちの主体形成という側面です。話し合いに参加している人たちが仲良くなり、信頼関係を結び、勇気づけられ、一緒に活動したくなること。この人たちがまちで活躍する機運を高め、制度を充実させ、実際に活動を開始するところまでをサポートするのが、コミュニティデザインのもう一つの役割です。だから、単に意見を集約させて建築家に引き渡せば僕たちの役割は終わるというわけではないのです。『一般意思2・0』には、その部分の重要性が語られていませんでしたね。ツイッター経由でつぶやく人たちは相互にアクションを起こす主体になり得ない。誹謗中傷でもいいから存分に（動物的に）つぶやき、反射的にＲＴ（リツイート）しまくればいいわけです。あとはそれを参考にして「選良」である政治家が熟議を経て意思決定すればいい。それは、国家や政府や民主主義の新しいカタチを模索しようとした東さんの「夢」だからいいんだろうと思いますし、エッセイとしては面白いものだと言えます。が、僕が携わっているのは地方自治の現場ですし、そこに住む人たちが動き出さなければ変わらない現場です。ワークショップに参加せずに自宅に引きこもって「アップルストアで買い物することが、結果的にアップルの製品を良くすることに寄与し、間接的に僕たちの将来の生活を良くしてくれるんだ」などと言っていられない限界集落や中心市街地を相手にしています。だからこそ、単に意見をどう集約するかという話だけでなく、意見を出した人たち同士がどうつながるか、どんな行動を起こすか、というところが重要になるのです。

そのとき重要になるのが「ワークショップに参加したい」と思う楽しさが存在するかどうかです。ワークショップの場に行くのが楽しみになるような場にすることが大切だと感じています。『一般意思2・0』のなかにも、現在の政治はだれも参加したいと思わないような場になってしまっていること、欲望の欠如が根本的な問題なのではないかという指摘がありました。そのとおりだと思います。ワークショップの場がだれも参加したいと思わない場になってしまったら、そこでの無意識も醸成されませんし、仲間意識も醸成されません。そこに楽しさがあることは大切なことだと思っています。

政府や国家について考えている『一般意思2・0』と僕たちの方法論との間には、共通する部分もあるし、違っている部分もありそうです。その一つは規模に対する考え方でしょう。本のなかにこう書かれている部分があります。「コミュニケーションによる合意形成には自ずと規模の限界がある。わたしたちは、その限界を超えたところで、設計者の恣意を抑制する仕組みを発明しなければならない」。国家や政府について考えると、確かにそれは大切なことだろうと思いますが、僕は逆に規模の限界を認識しているのであれば、できるかぎりその規模を超えないスケールで物事を進めるべきだと考えています。だから、ワークショップの参加者が多くなりすぎたら二部制に分けてスケールの小ささを保とうとします。「スモール・イズ・ビューティフル」という考え方が根底にあるのでしょうね。

二〇一二年二月四日

山崎亮

「賑わい」という言葉への違和感

十四信

山崎さま

2012 2.15

『一般意思2・0』をぶつけてみたのは正解だったようです。またまた、たくさんの貴重なお話を引き出すことができました。私の山崎さん操作術も堂に入ってきたというところでしょうか。もしくは釣り人ぶりとでも言えばいいのか。この往復書簡で私に与えられたタスクは「山崎さんの関心」という「魚」を釣り上げるようなものだと理解してからというもの、ひたすら良いスポットやエサを探すということに奔走しているような気がします(笑)。

『一般意思2・0』に対する山崎さんの意見はさすがに現場の臨場感にあふれたものでした。ハーバーマスの熟議型や『一般意思2・0』でイメージされている熟議と無意識とを「活用」する方法もあるけど、「地方自治」という問題を考えるとそのどちらでもないという意見には、頷くところがありました。これまでも何度も指摘されている「そこに住む人が自ら動き出す状況」をつくることの重要性が再度説かれたわけですね。あらためて大切だなと感じたのは、ワークショップという存在を相対化するまなざしでした。ワークショップで出た意見は絶対ではない。ある方向性は出ているかもしれないけれど絶対的な拘束力をもつものでもない、という。このニュアンスを体得しているかどうかで、ずいぶん、ワークショップの意味ややり方って変わるのでしょうが、ここが最も理解が難しいところなのかもしれません。私もようやく、山崎さんのやり方を見ていて、なんとなく理解できるようになってきました。

前回の手紙にもあった、山崎さんからの命題「ワークショップに参加していない人に対しても責任がもてる結果を出せ」。これにはやはりハッとさせられるものがあります。ワークショップで味わう苦労からか、あるいは性急に「住民参加の結果」を求めようとするからか、ワークショップでの意見を絶対化する気持ちは多くの場合にあるように感じます。しかしワークショップの参加者がその地域の住民の一部でしかないことを冷静に受け止めれば、それは正しいようで正しくない態度であることがわかります。自覚が有るなしに関係なく、ワークショップを免罪符化することにも通じてしまいますし。

山崎さんは延岡の駅まち市民ワークショップで頻繁に「色や形は専門家の乾さんに任せましょうね～！」と市民の方々に伝えておられますね。実はあれを聞くたびに胃が痛くなっています。ああして市民の方々に市民ワークショップに対する考え方を伝えると同時に、私たち設計者の覚悟を図ろうとしているような気がするからです。あの必殺コメントを言うときの満面の笑みをたたえたお顔が鬼に見えているのは私と乾事務所のスタッフだけではないはずです（笑）。住民の意見を聞かないでデザインするなんてダメだよねと言った舌の根の乾かぬうちにデザイナーの独裁ぶりの必要性を説き（あ、昨日の福岡での会議の話ですね）、ワークショップで出てきたさまざまな意見をつきつけておきながら同時にそれを鵜呑みにするなと言うような、さまざまな方向からダブルバインドの状態に設計者を拘束しつつ、その先の判断をポーンと設計者に委ねるなんていうのは、なかなかサディスティックな態度だと思いますよ。「つくる」ことを知りつつも、それをあえて捨てた山崎亮という人間の冷徹なまでの厳格さがチラリと垣間見えるのです。こうした時代においてそれでもつくるのであればその意味を徹底的に精査したうえで実行せよ、そんなことを山崎さんはつくる側に求めているのでしょう。

一方でこうした感じ方はつくる側の被害妄想のような気もします。山崎さんの関心はモノにはほとんどなく、そこで生み出されるコミュニティのあり様でしかない。山崎さんの責任範囲であるコミュニティデザインとハードウエアのデザインとの間に明確な境界線を引き、清々しいほどの割り切りを受け入れることで、これまでに見えていなかったデザインの可能性を切り開いているんですもんね。究極的には山崎さんは建物とか建たなくても別にいいやと思ってるんだろうなあと想像してます。言ってみれば、建築なんてコミュニティデザインのネタの一つぐらいの位置づけなのかなと（ネタという言葉づかいがはばかられるほどに高価なものなのですが）。ワークショップが設計のネタだと思っていたらいつのまにか反転しているわけです。面白いですよね。

いや、反転というよりも、その両方が均衡しているぐらいが正解なんでしょう。私たち設計者は山崎さんのワークショップを利用しているし、山崎さんのコミュニティデザインは私たちが用意しようとしているハードウエアを利用して、より一層盛り上がる状況をつくろうとする。そうしたお互いが補完し合うような関係を構築することが、何よりも大切な気がします。今は便宜的にコミュニティデザイナー×設計者だけの話に限定してしまっていますが、実はそれ以上の関係性の広がりを構築することもまた非常に重要でしょうし。いずれにせよ、物事のなりたちに主従があること、それを想定することにもうあまり意味がないような気がしています。どこからが始まりかわからないけれど、いろいろな人がなんだか盛り上がっている、そんななかの一つの山を築くぐらいの心構えがいいんでしょうね。建築をつくることの責任を放棄するつもりはありませんが、これまで背負ってきた、もしくは背負わされてきた過大な期待や意味をほんの少し低減し、まちに対する建築の適性なあり方、つまりポジショニングを再構築していくことが、今、最も考えなくてはならないことのように感じています。そこにこそ、私たちのようなつくる側の責任が問われているように感じます。

二〇一二年二月十五日

乾久美子

十四信

乾さま

2012 2.17

山崎@福井です。福井県が主催しているデザインアカデミーというところで話をしてきました。明日は京都で仕事ですが、明後日はまた福井に来て、美術館でお話することになっています。福井、京都、福井。このスケジュール、なんとかならないものかといつも思います(笑)。

乾さんの指摘はどれも的確ですね。ワークショップをやって、住民の意見を聞く。それを取りまとめて建築的なアクティビティとして整理する。それを建築家に渡して「これらを実現させるような空間を提案してください」と言いつつ、「ワークショップの場に出てきていない人のアクティビティも満足するような提案をお願いします」と注文をつける。鬼だと思われても仕方ありません(笑)。

その背景にあるのは、乾さんが指摘するように「住民が自ら動くきっかけをつくらねばならない」という思いです。そして、もう一つあるのは「賑わい」をつくればそれでいいのか?という疑問です。「賑わい」という言葉は便利な言葉です。それがあると物事がうまくいくような気がする。プロジェクトが成功したように感じる。だから「賑わい創出事業」なるものが各地で行われる。まちが賑わえば、経済的にも成功するような気がするのでしょう。コミュニティデザインというのは、賑わいをつくるための方法だと思われることも多いようです。

ところが、僕自身はあまり「賑わい」なる言葉が好きではありません。その言葉で見えなくなるアクティビティがあまりに多いような気がするからです。もうすでにご存知のとおり、僕たちが関わるコミュニティデザインというのは、それほど賑わいを生み出しません。NPOやサークルなどの市民活動団体は、それがどれだけ優れた活動であったとしても、数十人の人を集めて小規模に楽しいことをするのが限界です。数千人とか数万人の人を集めるような力はありませんし、そもそもそういうことを目指していません。むしろ、鉄道に興味をもった人たちが集まって、心行くまで鉄道について話し合う。研究し合う。そんな活動がまちのあちこちで行われている、というイメージです。一つのテーマで多くの人を集めて賑わう風景がつくりたいわけではありません。日常的に、それぞれのコミュニティが自分たちのやりたいことをやる。そこにファンが少しずつ集まって楽しむ。新たなつながりを生み出す。そういう風景を目指したいと思っています。

そこで大切なことは、コミュニティの活動だけでなく、そこに参加しない人たちもそれぞれが思い思いにその場所で時間を過ごすことができるという状況です。

単に座って休憩する人、本を読む人、昼寝をする人、道行く人を眺めている人など、賑わいをつくりだすわけではないけれども、その空間に「参加」している人たちの存在が重要だと思うのです。ワークショップ参加者の意見だけで空間をつくらないで欲しいというのは、以上のような想いがあるからなのです。賑わいだけがつくりたいわけじゃないし、主体的に活動する人たちのためだけの専用空間がつくりたいわけでもない。なんとなくその場所に居る人、思い思いに時間を過ごす人、たまたまその場所に居合わせる人。そんな人たちが居る風景をイメージしています。そのための一つの仕組みがコミュニティデザインなんだろうと思うのです。

この感覚は、建築計画者の鈴木*毅さんから学んだものです。鈴木さんは青木淳さんの友人で大学の同期ですよね。その鈴木さんが「居方」という言葉を提唱しています。十五年くらい前から使っている言葉ですね。公共空間に集まる人たちの「居方」を考えながら設計することが大切で、それは「賑わい」だけではないだろう、というのが鈴木さんの主張です。「思い思い」とか「居合わせる」など、人がその場所に居る状態を示す言葉をたくさん見つけて、その言葉を共有しなが

鈴木毅（一九五七〜）
居方研究家。大阪大学大学院地球総合工学専攻准教授。主な研究テーマは、世界中の公園や都市空間、建築物のなかに「居る」人々の「居方」を観察、研究している。主な共著書に『建築計画読本』（二〇〇四）、『まちの居場所』（二〇一〇）など。

ら設計を進める。そんな考え方に僕は共感しています。「思い思い」という言葉を聞いたとき、ある種の空間がイメージできますよね。「居合わせる」という言葉を聞いたときにも、それが可能になる空間のイメージが思い浮かぶ。もちろん、「賑わい」という言葉を聞いたときにもイメージできる空間がありますが、それはどこかで見たことのある空間のイメージばかりです。もっと「居方」を示す言葉をたくさん発明しなければならない。

僕は、コミュニティデザイナーとして「居方」のバリエーションを増やせないかな、と思っています。もちろん、空間をつくることで良質な居方を生み出すことは可能です。適切なベンチの配置や形状、木陰のつくりかた、個室化しつつ透明性を担保した空間のつくり方など、空間から居方を生み出すことは可能でしょう。一方、活動団体がそれぞれの場所で活動することで、その周辺にさまざまな居方を生み出すこともできるだろうと思っています。大きく分ければ「活動している人の振る舞い」「活動に参加する人の振る舞い」「活動を周りから眺めている人の振る舞い」というのが生まれますから、どの種の活動がどう散らばっていると、それらを眺めたり、巡ったり、覗き込んだりするような「居方」が発生するのか。そんなことをイメージしながらコミュニティデザインを進めています。

だからこそ、設計する人にも「活動する人たちだけのことを考えないで欲しい」と言うのです。その周囲に居る人、あるいは活動がないときに時間を過ごす人たちの居方が気になるんですね。単に多くの人が集まるだけの賑わい空間ではなく、思い思いの居方が出現する快適な空間が生まれることを望んでいます。「賑わい」というのは、多くの人が集まっているけど居方としては単調でしょうね。ほとんどの人が同じような居方をしている。僕が理想的だな、と思う風景は、同じような居方の人がたくさん集まったものではなく、それぞれが違う居方なんだけど同じ空間に居るというものです。多くの人数を集めたいのではなく、多くの居方を発生させたいのでしょうね。居方の多様性こそが、心地よい風景を生み出すことにつながるんじゃないかな、と思っています。だからこそ、空間の多様性も大切だし、コミュニティの多様性も大切です。歌を歌う人、それを聞く人、リズムに合わせて踊る人、それらを外側から眺める人、音楽をBGMにしながら本を読む人。コミュニティが主体的に関わるアクティビティの回りに、より多くの居方が存在するようになるといいなぁ、と思います。居方の多様性を高めるために、より多様なコミュニティを集めたいと思いますし、彼らのアクティビティを核にしてさらに多くの居方を発生させたいと思っています。

乾さんの設計プロセスを見ていて安心したのは、上記のような「居方の多様性」の大切さを瞬時に理解してくれて、駅の利用者とコミュニティの活動とが混ざり合うような空間構成を提案してくれました。あれは、「活動する人」「参加する人」「眺める人」のバリエーションを増やし、居方の多様性を高める空間構成だと思います。それらが透明な壁で緩やかに区切られていて、乾さんが言う「心地よい雑踏」のなかに居方の多様性が立ち現れる、理想的な風景をつくりだすだろうな、という気がしています。僕はコミュニティデザインを通じて、乾さんは建築デザインを通じて、公共空間の居方の多様性を高めようとしているんでしょうね。居方の多様性は、新たな居方を生み出すことにもつながるような気がします。すでに生まれているように、カフェや雑貨屋などが駅周辺に誕生すると、そこにまた別の居方が発生することになる。延岡駅周辺について考えるとき、居方の多様度というのは常に考えておきたいポイントだと思っています。

二〇一二年二月十七日

山崎亮

コミュニティは意思を持った人の集まり

十五信

2012 3.2

山崎さま

移動の連続は大変そうですね。私も先週は山崎さんばりの移動距離を稼ぎました。東京、富山、東京、延岡、大阪、延岡、東京、陸前高田とひたすら移動する日々を過ごし、そうしたときによくありがちなことなのですが、非常に気に入っていた帽子と手袋をどこかのタイミングで紛失してしまいました(涙)。

さて、「居方」の多様性。とても大切なことですね。私がよく思うのは、公共空間を考えるときに、楽しい人だけを想定してはいけないということです。そのなかには悲しい人も混じっているだろうし、何かしらの原因で傷ついている人もいる。疲れている人も、身体が不調の人も混じっています。さらに、単に淡々とした時間を過ごしている人がいっぱいいます。電車や公共空間で居合わせたりすれ違ったりする人びとの顔を眺めていても、ウキウキしている人などは少数派でしかない。繁華街ではウキウキの人の率が高いのでその調子に合わせることに異論はありませんが、駅や日常のまちかどのようにあらゆるタイプの人が利用せざるを得ない場所はそうはいきません。どんな人生の場面にとってもふさわしいような、ある種の超然とした存在としての性格が公共の空間には求められるのかと思います。

だから、最近よく見かける駅のなかをショッピングモール化することに対して、便利さという点からは賛成ですが、商業的なきらびやかな内装が駅空間に進出しすぎることについてはちょっとどうかなあと感じています。それに駅が商業的なスペクタクル空間になることのもう一つの問題は、鼻毛の出ているおじさんとか(笑)、行商カゴを背負っているようなおばあさん(もういないか…)とかの居場所が失われていくことです。あ、あと、山崎さんのスライドで出てくるヤクルトおばさんとかね。つまり都市性が失われていくことです。美しい空間は必要だと思いますが、人を排除するようなタイプの「美しさ」を公共性の高い建築においてつくることはふさわしくないように思います。美しさというのは表面上のものなのではなく、それこそ人の居方の多様性を許すようなおおらかな空間の構造のなかにこそ見い出したいものです。

鈴木毅さんと言えば、小嶋一浩さんがまとめられた『アクティビティを設計せよ!』を思い出しました。いろいろな建築を事例にしながらビジュアル的にアクティビティの考え方を説明する本だったのですが、そのなかに鈴木さんの文章が

銀行が閉まった後に店を広げてヤクルトを売るおばちゃん(撮影:奥川良介) 地域のお年寄りがおばちゃんと話をしに集まる。

『アクティビティを設計せよ!』(小嶋一浩著、彰国社、二〇〇〇)

NYのグランセントラル・ステーションの写真と共に掲載されていたのです。他のページのテキストがいかにも設計意図の説明という感じだったことに対して、詩的に場所の特性を言語化していたのが印象的でした。こうして後世に他者から語られるような場所をつくれたらいいなあなどと思ったりした覚えがあります。しかし私の不勉強故に、いくら元ボス青木淳さんのクラスメートとはいえ、その短いテキスト以上のことを知らなかったので、今回、お手紙を頂戴した後に鈴木さんの他のテキスト（『建築計画読本』）を入手して読んでみました（フフフ、だからこの手紙は遅れているわけです）。

「居方のタイポロジー」「生態幾何学」など設計者にとって非常に需要な概念が提示されていますが、とりわけ興味を引いたのは「他者が居る意味」を検証するテキストでした。ちょっと引用してみると「他者と環境の関係は、観察者自身の環境認識の重要な材料を提供している」「環境デザインするには…その人と環境の関係が周囲にどういう意味をもつかを考慮した視点が必要」（鈴木毅「第五章体験される環境の質の豊かさを扱う方法論」『建築計画読本』117〜138ページ）というあたりです。環境／体験者という一対一の関係だけを捉えてもだめで、とにかく、環境／体験者／他者という三者の関係が、その場所に対する体験者の理解を

『建築計画読本』（舟橋國男編著、大阪大学出版会、二〇〇四）

豊かにするために「必要」だと主張しておられると思います。そう、やっぱり鼻毛のおじさんは私にとっては重要なのです（笑）。ボーズの山崎さんにとってはどういうタイプの人なんでしょうね。女子高生なのかな？（笑）つまりその場所にいる「他者」の他者性が高ければ高いほどに、その環境のもつ包容力が情報として受け取られる状況が生まれるのですから。その対局にあるのが、鈴木さんも引き合いに出されている、似たような所得水準や境遇の若いお母さん方が集まって無理をして「デビュー」しなくてはならない公園なのでしょう。他者が他者として成立しないために、環境は包容力どころか排他性の方が感じられるようになる。これではいけない、ということですよね。延岡でもできるかぎりいろんな方が集まるといいですよね。年齢、活動、立場、ファッション、趣味などなど、それこそバラバラな人が「思い思い」に時間を過ごせる状況が生まれれば素晴らしい。

さらに鈴木さんのテキストで印象的だったのが、新宿にある「三井ビル55」の説明文です。「人が少ないときでも寂しくない場所にしたい」という設計者の思いが引用されていました。これも延岡のような地方都市の駅や街並を考えるときに重要なポイントだと思います。だけど「人が少ないときにでも…」なんて言ったら怒る人って必ずいますよね。「何言ってるの⁉ 賑わいをつくるためにデザインしてるんでしょ?」って。でも、環境のデザインにだってリスクヘッジは必要ですよね。押さえるところは押さえて、関西人的に金勘定になぞらえて言うと赤字にならないトントンの状況までは確実につくっておいて、そのうえで少しずつ「利益」がでるような方法を考えないといけません。そうした懸命さを身につけたいです。そう、このリスクヘッジ感覚は延岡市のトップをはじめとする多くの方がキチンともっておられますよね。なので、私は安心してデザイン監修者なるものをやらせていただいているように思います。

二〇一二年三月二日

乾久美子

十五信

乾さま

2012 3.12

山崎@山梨です。笛吹市の境川地区にてワークショップをしていたのですが、盛り上がりすぎて東京行きの最終電車を乗り過ごしてしまいました。新宿のホテルの部屋に自分の荷物を置いたまま、急遽、笛吹市の石和温泉に宿を取りました。ワークショップが盛り上がりすぎると、たまにこういうことになっちゃいます(笑)。どうせならゆっくり温泉にでも浸かって、美味しい食事でもして…と思っていたら、乾さんからのお手紙に返事を出していないことに気づきました。「温泉宿で手紙をしたためるというのは、文豪っぽい時間の過ごし方だなぁ」と思い、やおら筆を執った、いやパソコンを開けた次第です。しばらくの間、文豪ごっこにお付き合いください。

さて、鈴木毅さんの「人と環境との関係性が観察者にとって大切」という視点は、僕も大きく影響を受けたところです。前にも述べたとおり、僕はコミュニティデザインを考える際に、よく居方のことを考えています。「人びとがある場所で活動することは、その他の人たちにとってどういう意味をもつのか」、言い換えれば「コミュニティの活動に参加していない人たちにとって、その活動がどういう意味をもっているのか」ということです。その意味では、コミュニティの活動も空間を形づくる一つの要素として捉えていると言えるかもしれません。これは、オープンスペースを設計していたときから変わらない視点です。

例えば公園を設計する場合、遊具の配置を考え、それぞれの遊具のデザインを考える。人工的な遊具ばかりではなく、樹木をどう配置するか、地形をどう形づくるか、園路や水路をどうまわすか、ということも考えます。僕の場合、それらに加えて、その場所で遊ぶ人たちがどう「配置」されているといいか、ということも考えます。人びとの活動に対して「配置」という言い方はおかしいのですが、感覚としては敷地計画のなかで空間の諸要素を配置しているときの一つとして、居方の「配置」を考えていることが多いのです。敷地のどこにどんな居方が生まれると理想的なのか。そこまで「配置」できてはじめて空間が完成したと感じるわけです。もちろん、人びとの活動はこちらが思ったように「配置」されてくれるわけではありませんが、多様な居方がその場所に存在してはじめて思い描いていた空間が完成するという感覚があります。だから、建築の竣工写真に人の居方が入っていないのを見ると、いつも「もったいないなぁ」という気がしていました。なんとなく、完成前の写真を見ている気分になるんですね。

あまり適切な表現ではないことを承知で、上記のことをわかりやすく説明すると、有馬富士公園では、園内に花壇を配置したり池を配置したりするのと同じような感覚で、コミュニティの活動を「配置」したことになります。ただし、コミュニティの活動は「生き物」ですから、時間が経てばどんどん変化する。数時間で別のコミュニティの活動に変わる。これが公園を構成する要素としてはとても魅力的だと考えているのです。遊具や地形や園路は、かなり長い間その姿を変えないものですが、樹木などの自然は時折その姿を変えます。そして、コミュニティの活動は、さらに短い時間で変化していく公園の構成要素だと言えます。これをどう配置したり組み合わせたりするかによって、できあがる風景はかなり変わるものです。最近は物理的な空間を設計することがほとんどなくなりましたが、今でも僕は物理的な空間を設計することと同じようにコミュニティの活動を設計しているように思います。空間を形づくる壁や床や樹木と同じようにコミュニティの活動を捉えているところがあるとも言えます。

だから、この種の仕事を「コミュニティデザイン」と呼んだのでしょうね。人によっては、「コミュニティがデザインできると思うのは不遜な態度だ」と言うでしょう。もちろん、僕も自分がコミュニティをデザインできると思っているわけ

市民参加型のパークマネジメントに成功した有馬富士公園　さまざまな市民団体が園内でプログラムを実施し、来園者とともに楽しむ。

ではありません。が、上記のようにまちの構成要素、空間の構成要素として、樹木や道路や河川や、壁や床や天井と併置されるものとしてコミュニティを捉えるとき、それらをどう全体的にデザインするかを考えねばならないと思うのです。きっと、「コミュニティデザイン」というときのコミュニティは、概念上のコミュニティなんだろうと思います。実際のコミュニティは、僕がデザインできるようなものではなく、自己組織化しながら生まれ、育っていくものですからね。

まちの利用者（観察者）は、樹木があり、道路があり、河川があり、コミュニティの活動がある空間を体験する。環境の諸要素を全体的に捉えて居心地のよさを判断する。他者の居方と環境との関係性を読み取りながら、自分にとっての心地よさを判断しているのでしょう。空間をデザインする人間としてコミュニティに関わる場合、以上のようなことを考えているわけです。

慌てて付け加えておかねばならないのは、コミュニティは空間を構成する要素であるとともに、意思をもった人の集まりでもあるということです。道路や河川に意思はないかもしれませんが、活動する主体には意思があり人間関係がある。コミュニティ内部の意思をどう調整するか、楽しさをどう生み出すか、活動をどう継続させるか、ということについては、これまで語ってきたようにマネジメントの視点が大切になります。こうした活動がもつ意味について語るとすれば、「人びとがお互いに協力し、信頼し、つながりを再生し、絆を生み出すことが大切だ!」という情緒的な表現になっていくでしょう。こうした情緒的な側面に「デザイン」という言葉はそぐわないでしょうね。むしろ、それらをどう「マネジメント」しているのか、という方が適切な気がします。

僕たちの仕事は、まちの視点から言えばコミュニティを「デザイン」しているわけだし、組織の視点から言えばコミュニティを「マネジメント」しているのでしょう。どちらかに偏るのではなく、両者をバランスさせながら「まちにおけるコミュニティ活動の価値」と「活動することによってコミュニティ内部に生まれる価値」とを両方生み出していきたいと考えています。

と言いつつ、結局は情緒的な側面を抑えきれずに盛り上がってしまい、終電を逃して温泉宿に泊まる、などということになるわけですが(笑)。

二〇一二年三月十二日

山崎亮

十六信

山崎さま

2012 3.19

建築的思考が「つくらないこと」に役立つのに…

昨日のトップニュースは大阪市と府が、筆頭株主として関電に原子力発電所の速やかな廃止を求めたもの。驚きましたね。さまざまなレベルでの新しさを感じました。まずはモノ言う株主という権利意識を地方自治体がもち、それを利用したこと。また提案が単に配当に係る収益の問題ではなく、長期的なヴィジョンに関わるものであったことも衆目に値するものでした。さらに地方自治体というプレーヤーが、その立場を活かしながら、国の原発行政に真っ向勝負をかけてきたという構図もよかったですね。原発に対してタブーなく議論するきっかけを大阪がつくるというコメントまで発しているのですから、かなり意識的です。中央集権／地方自治の関係のあり方が問われているこれからの日本のあり方までも示唆していますね。原発行政について云々することはここでは控えますが、地方自治体が中央に楯突く構図がなかなか小気味よく、大阪に地縁がありつつもぱっとしない最近の様子に幻滅していた私としては、「あ、大阪はこれから本当に変わるのかもな、期待できるかもな」とちょっとしたファンになり直したわけです。こういう感覚を呼び覚ますことから、地方の再生は始まるんだなあと実感しました。

さて、いただいたお手紙で面白かったのは、樹木とコミュニティの活動を同等にながめることのできる、ランドスケープ出身ならではの山崎さんのまなざしでした。ランドスケープという誰のものでもない、とりとめのない対象について思いを巡らせているからこそ、何をもってデザインとするのかというデザインの枠組みを否応なしにその都度問い直す必要があると思われます。そして、どうしても枠組み問題にふれてしまうからこそ、山崎さんも書いておられるように、やっていることがいったい「デザイン」なのか「マネジメント」なのかもわからなくなるし、どんなメディアが伝達に有効なのかも都度、状況に合わせながらいちいち考えていかなくてはならない。それはスリリングだし大変なことだと思いますが、反対にその労苦を引き受けた副産物として、樹木と人とを同一視して空間を考えるなどというクリエイティブなものの捉え方が生まれるのは素晴らしいなあと思います。

そう言えば一昨日、千葉大岡部研*の学生がリーダーシップをとって開催した地域リ・デザインシンポジウムなるものに出かけて行きました。大館市という房総

千葉大岡部研
千葉大学工学部建築学科の岡部明子研究室。専門は建築・都市デザイン、都市政策、地域政策。

半島の南端まで鈍行（それしか選択肢がなかった…）で乗り鉄さながらに（笑）移動したのですが、参加して良かったなあという会でした。地域活動に参加している建築系、都市工系の研究室の学生が活動報告をするというもので、多少の失敗をしながらも、真摯にやるべきことを探り当てようとする姿が印象的でした。それこそ、地域との付き合い方や組織運営などに対する「マネジメント」の話が的確になされていて、皆よく勉強しておられました。山崎さんを始めとする先行世代の「つくらないデザイン」のＤＮＡが彼らのような世代にすっかり受けわたされているのを目の当たりにした感じです。

そんな風に全体としては感心すべき会だったのですが、学生の発表を聞いていて気になり始めたのが「つくること」に対して、つまりいわゆる形のデザインに対して一言もコメントがないことでした。なんやかんやと形があるデザインをしているにもかかわらず、です。不自然でした。そこで、「つくらないこと」ばかりをもてはやし、反対に「つくること」を忌避しすぎるのは不健康だし、本質的ではないとコメントしておきました（すごいですね、数年前なら、そんな叱咤の仕方ってなかったのではないのかしら）。だって一番のポイントはデザインのつくる／つくらないを不用意に選択することなのではなく、その「枠組みを問う」ことのはずなのですから。学生がこうした地域の問題に実践的に取り組むにあたって、どのような技術を身につけることを設定すればいいのか、そのあたりの判断は難しいですね。

ちょっと別のところに話をもっていくと、東京藝術大学には映像研究科があって将来的に映画や映像産業に身を置く人材を育てているのですが、学部はありません。大学院からのみの専攻が可能です。とにかくどのような方向でも良いので、隣接、近接領域である程度の専門的な技術を身につけてから来い、ということなのでしょう（先述のシンポジウムでブルースタジオの大島芳彦*さんは軸足を固めよと言っておられましたが、そのとおりだと思いました）。そうでもしないかぎり、映画のように非常に複合的なジャンルのなかで学生が容易に自分を見失っていくからなのかと想像していますが、地域の現場の複合性も映画と似たようなもの（というより、それ以上に複合的）なのだから、現場に学生を送り込むときには、この藝大の映像科の設定などを参照にするのが良いのかもしれません。ある程度自分の得意分野や興味範囲を見定めてから参入せよと。

ただ、若いというのは恐ろしいもので、何の知識がなくても、現場でのちょっ

*大島芳彦（一九七〇〜）株式会社ブルースタジオ専務取締役。建築家、不動産コンサルタントとして、自由かつ斬新な建築作品の設計・リノベーションを多数手がけている。

とした経験だけで本質的な問題をつかみ取り、動物的な勘でその問題を解決していくような才能が出てくるのも確か。その可能性を考えると、軸足とかなんとか言ってないで、とりあえず現場に飛び込め！と言いたくなる気持ちもある。難しいですね。理想的には、学生がそれぞれの才能の行き場を、飛び込んでいった現地で見つけることなのでしょう。そのなかに、当たり前のように、形のあるデザインをすることもあるでしょうし、グラフィックだって、ワークショップのファシリテーション技術だって、全体のマネジメントだってあるでしょう。そう、どのような技術が地域の問題に対して役に立つのかという全体像をつかんでいれば、それぞれの身の落ち着きどころを探ることがやりやすいかもしれません。そうすれば、つくらないブームの脅威におののきながら（笑）、無理につくらないことをアピールするなんて愚を犯すことはなくなるのかもしれませんね。そのあたりの健全化を切に祈ります。

二〇一二年三月十九日

乾久美子

十六信

乾さま

2012 3.22

山崎@淡路島です。安藤忠雄さんが設計したホテル*の会議場でコミュニティデザインに関する話をしてきました。集まったのは地元で活動するNPOや市民活動団体の方々、行政の方々、お店をやっている店主で特産品開発などに携わっている方々。面白いメンバーでした。淡路島牛丼や淡路島ヌードルなど、最近は淡路島の特産品を活かした「市民による商品開発」が進んでいるようです。淡路牛、たまねぎ、醤油など、淡路島産のものをうまく組み合わせた地産地消型の特産品開発ということで、輸送コストやフードマイレージ、バーチャルウォーターの輸入などを意識した方向性が見えました。大阪市と大阪府も面白いことを始めそうだし、関西はいよいよ新しい時代に突入しそうです。乾さん、そろそろ大阪へ戻ってきませんか(笑)?

さて、「つくる/つくらない」の議論については、最近いたるところで生じているようですね。つくる話ばかりしている場に「つくらないことの大切さ」を指摘する人が現れたり、つくらない話ばかりしている場に「つくることの大切さ」を指摘する人が現れたり。過渡期でしょうね。いずれ両者のうまいバランスが見えてくるだろうと思いますが、今はまだ両者ともに「自分たちが目指す方向性が否

*安藤忠雄さんが設計したホテル
二〇〇〇年三月に淡路花博の開催に合わせて開業したウェスティンホテル淡路。淡路夢舞台の施設のうちの一つで、淡路夢舞台国際会議場と直結している。

定されたような気持ち」になるところもあるようで、やや感情的な内容を含む議論になっているような気がします。乾さんの言うとおり、「つくる／つくらない」という枠組み自体を問うことが大切なのでしょうが、まだなかなかそこにたどりついていない。ところが、結局みんな、ある種の価値を「つくる」ことを目指しているわけですから、本当はうまいバランスを見つけ出せるはずなんですよね。まぁ、「創る」と「造る」と「作る」が同じく「つくる」という言葉なので、「つくる／つくらない」の議論がややこしくなるところもありそうですが（笑）。

東京藝術大学の映像研究科の話はとても参考になります。実は、僕も同じようなことを考えていました。京都造形芸術大学の教員を頼まれたとき、四年生対象にコミュニティデザインのゼミをつくってほしいと言われたのです。ところが、僕自身もランドスケープデザインや建築を学んでから（つまり軸足をつくってから）コミュニティデザインに取り組んだという経緯があるので、「何かを学んだ学生がさらにコミュニティデザインを学びたいという気持ちがあるならいいが、学部生のうちからコミュニティデザインを学ぶというのは難しいのではないか」と答えました。そして、学部生のゼミはお断りして、大学院にだけゼミをつくることにしたんです。学部時代に建築を学んだ学生やグラフィックデザインを学んだ学生など、軸足がある人が大学院でコミュニティデザインを学ぶ。その方が身につきやすいだろうと思うわけです。T字型（専門を一つ深めつつ、周辺領域を浅く知っておく）の知識が必要だと言われて久しいですが、建築を深めたうえでコミュニティデザインを深めつつ、その関連領域を知っておくというΠ字型の卒業生が誕生するといいな、と欲張りなことを狙っています（笑）。

コミュニティデザインのゼミは四月から大学院のみで始まります。ゼミ生は毎年限定二名（笑）。初年度は学部で建築を学んだ男女の学生二名が入ってきました。すでに来年の入学希望者からも問い合わせが来ているのですが、そのなかには福祉系やスポーツ系などの学生も混ざっていて、ちょっと面白いことになりそうです。乾さんが指摘するように、若者の動物的勘についても少し期待しているので、うちのゼミ生にはどんどん現場に飛び込んでいってもらう予定です。軸足を活かしつつ、軸足だけではうまく進まないことを実感してもらい、試行錯誤のなかでコミュニティデザインの手法を学んでもらうのがいいと思っています。そのため、京都の大学にも大学院生室を用意してもらいましたが、三重県伊賀市に新しくつくった studio-L の事務所にも机を用意しました。この両方を行き来しながら、座学と実践とを交互に体験してもらう予定です。実務の方はスタジオの仕事をそのまま手伝うことになりますので失敗は許されません。ワークショップの進め方やファシリテーションの方法、チームビルディングの実践などを経験してもらうことになると思います。そのなかで、建築やグラフィックデザインに何ができるかを考えたり、実践したりする機会を用意するつもりです。そうすれば、「つくること」でしか乗り越えられない局面と、「つくらないこと」でしか乗り越えられない局面とが感じられるだろうと思います。

僕が「つくること」を大切にしながら「つくらないこと」に取り組んで欲しいと思うのは、何度も述べているとおり、僕自身が「つくること」からいろんなアイデアをもらっているからです。あるいは「つくること」のときに考えていたような建築的思考が「つくらないこと」にすごく役立つからです。住宅を設計する際には、お父さん、お母さん、息子さん、娘さんの意見を聞きつつ、費用や構造や設備や法規などを勘案したうえで美しい解決策を提示しなければならない。お互いの意見が相反する場合もある。このとき、建築的な発明が必要になる。だからこそ、何度も何度もスタディをするわけですが、その間に他の建築家が同じような課題に対してどんな答えを出しているのかを参考にすることが多い。参考にするけど、それをそのまま真似するわけじゃないですね。やはり前提条件が違いますから、参考にはするけど結果的にはオリジナルな答えを導き出すことになります。そういうプロセスは、コミュニティデザインでもすごく大切になります。商店街の人、役所の人、地域住民、将来的なまちの利用者などからいろんな意見を聞きつつ、費用や組織や自然環境や法規などを勘案しながら美しい解決策を提示しなければならない。他のまちで取り組んでいる事例を参考にするものの、参加者の年齢も人数も性別も違うし、気候や気性も違うので、それをそのまま持ち込むわけにはいかない。結局、その地域ならではのコミュニティデザインの方向性を発明しなければならないわけです。こんなとき、「つくること」に携わっていたころに修行させてもらったバランス感覚がとても役立っています。

うちの事務所が「つくらないこと」を仕事にして六年が経ちました。最近では、建築系学科以外の卒業生がスタッフになることも多くなってきました。彼らに決定的に足りないのが建築的思考ですね。スタディという概念もない。何度も何度も検討することが「無駄なこと」だと感じる人もいるようです。これはマズイということで、急遽スタッフ全員を集めた研修合宿をすることにしました（笑）。年度末の作業を終え、晴れ晴れとした気持ちになる五月。いい季節になる頃でしょうから、伊賀のスタジオに全スタッフが集まって二泊三日の研修をしようと思っています。ここでは、自分が関わったプロジェクトに関するプレゼンテーションや、使えるワークショップツールの紹介、盛り上がったアイスブレイクの紹介など、スタッフがそれぞれ持ちネタを発表するのに加えて、建築デザインの歴史、ランドスケープデザインの歴史、都市計画の歴史を、それぞれ大学時代に学んだことのあるスタッフにレクチャーさせることにしました。建築デザインの歴史については、ディテールではなく、歴代の建築家が諸条件をどう統合させつつ乗り越えてきたのかという「建築的解法」を軸に語ってもらう予定です。建築出身のスタッフは今、そのための準備を必死でやっています（笑）。が、逆に言えばそんな研修をしなければならないほど、「つくること」からヒントを得ようとするスタッフが少なくなってきたという嘆かわしい事態だということです。まずはうちのスタッフから、「つくること」と「つくらないこと」との関係性を健全化したいと思っています。

なんてことを、安藤忠雄さん設計のホテルを後にしつつ考えています（笑）。

二〇一二年三月二十二日

山崎亮

KYOAI COMMONS

追伸

乾さんが設計された「KYOAI COMMONS」（共愛学園前橋国際大学4号館）へ行ってきました。正面玄関から入って奥へ奥へと進むと、廊下や引き戸を越えるたびにさまざまなアクティビティに出合うことができる新鮮な空間体験でした。一番奥まで進んで振り返ると、これまで通り抜けてきたアクティビティが重なって見えるのも愉快でした。天井高がそれぞれ違うことも、通り抜け体験をリズミカルなものにしてくれていますね。吹き抜け2階分の空間は、「きっと延岡駅もこういう空間になるんだろうな」と期待感が膨らむものでした。あの空間は居心地がいいですね。延岡でこの空間が実現したら、コミュニティの目が輝くことは間違いないだろうと思いました！　延岡のプロジェクトがますます楽しみになってきました！

山崎亮

春の手紙

デザインの必然性はどこに？

十七信

2012 4.4

山崎さま

　先日、期間限定で借りることのできた延岡駅前の空き店舗で始めたカフェ「メルシー」にいつものように寄ったところ、店主の野崎さんがすごくうれしそうな様子だったので「どうしたの？」と尋ねてみると、テナント期間延長が可能になったとのことでした。メルシーは私にとって延岡でのベースキャンプの一つなので、営業がしばらく続くというニュースはうれしいものでした。次々とやってくるお客さんも皆一様に「よかったね〜」と喜んでおられましたよ。メルシーを中心とするコミュニティの広がりはとても力強く、オープンな雰囲気やそこでの会話は延岡駅の将来像を予見しているようでとてもいいですよね。今年度からは、市民ワークショップも社会実験的に空き店舗などで活動をしてみる段階に入ると聞いていますが、メルシーに負けないぐらいの明るく、居心地のよい場所が生まれることを期待しています。

　さて先日、新しい延岡駅の方向性を市民の方々にお示しするチャンスをいただきました。駅まち市民ワークショップに参加してくださっている市民、交通事業者、商業者、周辺地域の方々を聞きつつ、山崎さんのアドバイスどおり意見を述べにこない市民の意見も想像しながら、さらに既存駅舎を再利用することやその他の経済的な事情などまで考慮して、あのような水平に広がる駅の姿を提案したわけですが、多くの方に納得していただいているようでホッとしています。延岡駅のデザインプロセスは従来の乾事務所のものとはかなり違っています。通常であれば、もう少しこちらから「提案」めいたものを投げかけてみても状況をシャッフルすることもできたのですが、延岡の場合はそんなことをやっている余裕もなく、ひたすら受け身にまわった感じです。次々とやってくる厳しい条件を受け止めたりかわしたりしながら、必死でなんとか一つの方向にまとめた感じです。ですから、あの大きさで多くの部分を平屋的に処理することに大胆さを感じる方も多くいたようですが、その大胆さは私が「提案」したというよりは、「延岡」で起こり得ることを順序立てて整理していくと、ああならざるを得ないという感じをもっています。

建築家にクリエイター像を期待している方は、こういう書き方に違和感を覚えるかもしれませんが、私自身は「ああならざるを得ない」ところに面白みとか創造性を感じたりします。物事を整理しているだけだし、その整理の仕方もできる

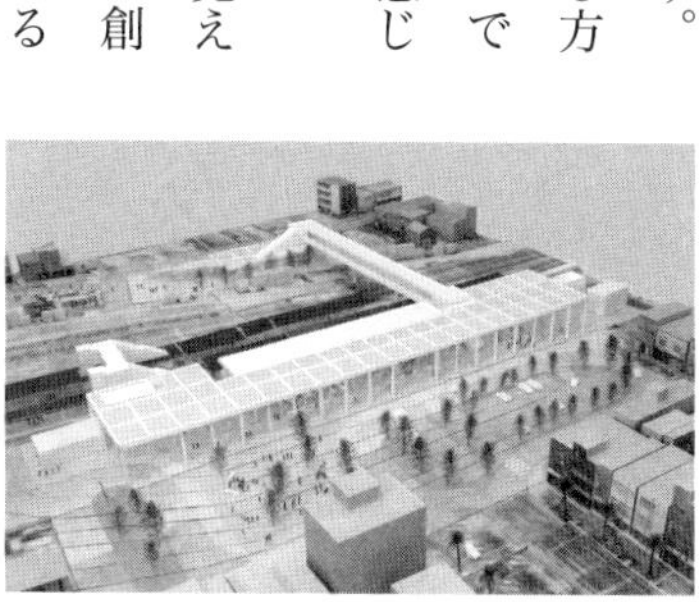

延岡駅周辺の模型写真

かぎり客観的であることに努めたい。だけど、そうしたところに美意識も感じたいわけです。なんだか間接的な感じがオヤジっぽいかもしれません、フフフ(笑)。屈折しているんです。そもそも根が暗いというか、どちらかというと引きこもっていたい性格でわざわざ人前などに出たいとは思わないにもかかわらず「提案」する立場にいるからかもしれませんね。このまわりくどい設計姿勢の利点は、設計やデザインの力点をプロジェクトごと、場面ごとに可変させることができるというところにあって、今のところ延岡ではその利点がうまく活かせているような気がします。ただし油断は禁物で、下手をすると単なる妥協の産物を生み出すお手伝いをしてしまうことになる。そうならないように、できるかぎり先を読んで起こりそうなデザイン上の「事件」を想像したり、起こってしまった事件を柔軟に解決して、全体のシナリオのなかに統合したりすることはとても大切です。そう、乾事務所のこうした設計態度は以前の手紙で書いておられたコミュニティデザインの「シナリオプランニング」とかなり近いかもしれませんね…。

おっ！というか、今書いていて、乾事務所のやり方はシナリオプランニングそのもののような気もしてきました。なぜ「！」まで出して突然の盛り上がりを見せているかというと、スタッフにこのあたりのことを伝えるのにちょうどいい言葉であることに気づいたからです。何年もいてくれているようなスタッフは当たり前のように先の先まで読みつつ進めてくれるのですが、一年目、二年目ぐらいだと、そうしたやり方を理解してもらうのは大変です。「だから〜、そこでその案がつぶれたら、取り返しがつかないじゃない」や「ホラ、いろいろ前もって考えておいた方が、とっさのときにいいじゃない」などと具体性に欠ける言い回しでなんとか伝えようとしても、どうも切れ味が悪い。なんだか心配症の社長がもじもじとわけのわからないことを主張しているだけ（よくありそうな設定でしょ）にしか聞こえないことに困っていたのですが、「シナリオプランニング」なんていうようなカタカナ語で説明できれば、さすがに「むむむ。なんか、意味のある技術なんだな」とわかってくれるのかもしれませんからね。

この「シナリオプランニング」。言語化はされていませんでしたが、私のなかではかなりなレベルで肉体化した技術です。ただし青木淳さんにそうしたことを叩き込まれたのではなくて、独立後に数年続いていた店舗開発を頻繁に行っていた時期に自然と身に付きました。海外からやってくる会長や社長の突拍子もない要望がいつ何時やってくるかわからない状況下で、開店時期はせまっていて時間もないというジレンマを抱えながら、それでも最高に良いものをつくるにはどうすればいいのかを真剣に考えたとき、自然と「できるかぎり将来起こり得ることを想定し、リスクを回避する方法論を構築しながら進める」ことを行うようになったのです。軍事技術にすら通じるシナリオプランニングを自ら思いついたなんてすごいでしょうと言いたいところですが、コトはそんなにスマートではない。そうした方法をとらないかぎり、寝れない↓スタッフと共倒れになり事務所が立ち行かなくなることが明らかだったので、とにかく生きのびるために(笑)必死で編み出したというか…。こんなことを書くと「やっぱり設計って大変だな」と、昨今では人気がガタ落ちの建築設計への進学や就職を控える人がますます多くなるのが恐ろしいわけですが、でも、こういうことこそが仕事として面白いんですよ。ね、山崎さん！

二〇一二年四月四日
乾久美子

十七信

乾さま

2012 4.9

山崎＠大阪です。久しぶりに大阪のスタジオでじっくりと仕事をしています。春ですね。桜もかなり咲いてきました。今日は仕事を一区切りさせたら、スタジオのメンバーと一緒に花見へ繰り出すのも良さそうです。毎年、年度末はバタバタするのですが、それが終わると少しゆっくりできます。今年は関係各位にご尽力いただいた結果、かなり早い時期から業務発注が実現しているプロジェクトがいくつかあるのですが、それでもやっぱり年度の始めはのんびりしたくなるものです（笑）。花見をしたり、食事をしたり、最近知った面白い事例を紹介し合ったり、これからのスタジオのあり方について話し合ったり、「コミュニティデザインって何なのさ」なんて話をしたり。のんびり楽しい季節がやってきました。

乾事務所のシナリオプランニング、興味深いですね。シナリオプランニングを学んでから事務所の方法として取り入れたんじゃなくて、生き延びるために試行錯誤していたら「シナリオプランニング」っぽい進め方になっていたわけですね。実は僕たちも同じなのです。コミュニティデザインの教科書があるわけではないので、この種の仕事を進める際にどうすればいいんだろうと思いながら試行錯誤を繰り返していた。海外から会長や社長がやってきてプランをひっくり返すということはありませんでしたが（笑）、三回目までのワークショップに出てこなかった地元の有力者が四回目の会議に出てきて「ちゃぶ台返し」しちゃうことがあったりして。そのリスクを含めながら、何が起きても次の手が打てるように準備しておくことを徹底していたら、ある日それが「シナリオプランニング」という方法に近いということを知ったわけです。そう、僕たちもまた、「生きのびるためのシナリオプランニング」を実践していたわけです。

「生きのびるための」と言えば、一九七一年に書かれたヴィクター・パパネック*の『生きのびるためのデザイン』を思い出します。デザインを、単に商品を売るための手段として捉えるのではなく、社会的な課題を解決するためのものとして捉えるように提案した本ですね。四十年前の本ですが、いまだにパパネックが指摘した点は乗り越えられていないような気がします。環境問題にデザインは何ができるか。戦争のためにデザインは何ができるか。限界集落のためにデザインは何ができるか。自殺の問題に対してデザインは何ができるか。こうしたことに取り組むデザイナーはまだまだ少ない。売れる商品のためにデザインができる

*ヴィクター・パパネック（一九二三〜九八）
オーストリア出身のデザイナー、教育者。モダンエコデザインの祖。著書に『生きのびるためのデザイン』（一九七一）、『人間のためのデザイン』（一九八三）など。

『生きのびるためのデザイン』（ヴィクター・パパネック著、阿部公正訳、晶文社、一九七四）

かを考えるデザイナーがこれほど多いのであれば、そこで培った知見を応用して社会的な課題に取り組む人が現れてもいいんじゃないかと思うのですが。

そんな想いを込めて、昨年度まで鹿島建設の広報誌で世界のソーシャルデザインを紹介する「SAFE＋SAVE」*という連載を担当させてもらいました。難民キャンプのデザイン、井戸のデザイン、学校のデザイン、がんセンターのデザイン、農場のデザインなど、世界中で取り組まれている「社会的な課題を乗り越えるためのデザイン」を紹介しました。この種のデザインを見ていると、余計なことをせず「これでいい」と思える清清しいデザインが多いことに気づきます。限られた予算、限られた材料のなかで、求められていることを最大限に達成するようなデザインを提案しなければならない。そのときに、デザイナーの個性を無理に貼り付けるような余裕はないわけです。目の前に困っている人がいて、その人たちからの要望は明快なわけですから。それらを一つひとつ読み解いて、デザイン的に解決していく他にやるべきことはない。その意味で、延岡で乾さんが進めたデザインプロセスは、乾事務所にとっては特殊な進め方だったと表現されましたが、とても真摯なデザインの進め方だったんじゃないかと思います。「ひたすら受け身に回った」というデザインプロセスは、「延岡で起こり得ることを順序立てて整

「SAFE + SAVE」という連載をまとめた書籍は『ソーシャルデザイン・アトラス』（山崎亮著、鹿島出版社、二〇一二）として出版された。

理していくと、ああならざるを得ない」デザインとして清清しく見えました。「受け身に回る」というのもクリエイティブな行為だと思います。コミュニティデザインのように人の話を聞く仕事をしていても、単に聞くだけのスタッフと、創造的にアイデアを聞き出すスタッフがいるんです。いわば、「消極的に聞く人」と「積極的に聞く人」がいる。ファシリテーションという技術は、まさに積極的に人の話を聞き出す行為だろうと思います。受身に回る場合でも、受身の方法論というのがあるだろうと思うんですね。そのやりとりのなかに、「ああならざるを得ない」というデザインプロセスがあると思いますが、そこにかなりのクリエイティビティが含まれているように感じます。それは「単に自分が表現したいことを表現しました」という創造性を超えたクリエイティビティだと思いますね。

乾さんが示した延岡駅の駅舎を見ていて、ラカトン・アンド・ヴァッサル*の集合住宅を思い出しました。「プティ・マロック」と「ラ・シネ」で試みた増築のプロジェクトが、「ボワ・ル・プレートル」の集合住宅で実現していますね。既存の駅舎に新しい空間を加えるように、既存の高層住宅に新たな空間を付け加える。しかも、そのプロセスは住民参加のワークショップを繰り返し、全体の計画と

*ラカトン・アンド・ヴァッサル　アンヌ・ラカトン（一九五五～）とジャン・フィリップ・ヴァッサル（一九五四～）からなるフランスの建築家ユニット。

ボワ・ル・プレートル／工事中
（撮影：Frédéric Druot）

個々の部屋の計画を何度も行ったり来たりしながら検討している。ワークショップで「引越ししたくない」という意見が出てくれば、住民が住み続けたまま改修工事を行うことを決めてしまう。新たな空間を付け加えるというだけでなく、住民や関係者の意見を受け容れつつ、「ああならざるを得ない」というリノベーションになっているという点で、延岡駅舎のデザインと近いなぁ、という気がしました。ラカトン・アンド・ヴァッサルのデザインは、他にも既存の空間や自然をなるべく活かして、少ない予算で最大の空間を生み出そうとしますよね。この態度が僕はとても好きなんです。それは、ヴァッサル氏が建築家としてのキャリアをアフリカのニジュールからスタートさせたことと無関係ではないと思います。建築家としての最初の六年間を、「生きのびるためのデザイン」の実践に使ったことが、その後の彼らの設計スタイルを決めたのではないでしょうか。

「社会のためのデザイン」とか「生きのびるためのデザイン」とか「ソーシャルデザイン」なんて言うと、「大事なことかもしれないけど、私がやりたいデザインとは違うね」という反応が返ってくる場合が多い。でも、今の建築界に求められているのは、ラカトン・アンド・ヴァッサルのような解き方なんじゃないかな、と思うのです。多くのデザイナーにとってパパネックの本は過去のものだという

ボワ・ル・プレートル／外観
（撮影：Frédéric Druot）

ボワ・ル・プレートル／インテリア
（撮影：Frédéric Druot）

印象が強いようですが、僕たちが『生きのびるためのデザイン』から学ぶことはまだたくさんあるような気がしています。そりゃ、限られた予算や材料を駆使して、人びとからの多様な意見を成立させるような解決策を出すためには徹夜も厭わない覚悟が必要です。でも、その試行錯誤にこそデザインという仕事の面白みがあるんだと思います。ね、乾さん！

二〇一二年四月九日

山崎亮

十八信

山崎さま

2012 4.18

ラカトン・アンド・ヴァッサルの建築

山崎さんばりに移動中の新幹線のなかでキーボードを打ってます。仙台に行ってきました。ＪＩＡ（日本建築家協会）の会合でレクチャーをするお役目をいただき、無事果たしてまいりました。

レクチャーはできるかぎり論理的に、イメージとか印象とかいったように解釈の幅が広い言葉を使わずに伝える努力をしています。大阪で生まれた血がさわぐのでしょうか、そもそも人前は苦手だし話上手じゃないにもかかわらず、「いや、おもろかったわ〜」という一言を聞きたい気持ちがとても強いからだと思います（笑）。まあそれもネタでして、真面目な話をすると自分が聴衆だったらどういう話を聞きたいのかを考えると、やっぱり発見を感じる内容の方がいいだろうなあと思うわけです。しかしそれらの話は過去のこと。最近はレクチャーの調子が上がらなくて困っています。一時間半ほどしゃべるためには最低でも五つ以上のプロジェクトが必要になりますが、五つプロジェクトをそろえようとすると、てんでんばらばらのものになってしまうのです。住宅だけでまとめようとしても五つはそろわないし、延岡のようなまちづくりに関わることも延岡のみ、公共的な施設だってようやくこのあいだ一つできたところだし…というような具合だからです。

しょうがないので寄せ集めたプロジェクトを「すみません、とりとめもなくて」と恐縮しながら話をする以外に選択がない。笑いをとろう（やはり身の程しらずにそんなことをねらってしまうわけです(笑)）という余裕もなく、しどろもどろになって方向性のまったく異なるプロジェクト同士の関連性をなんとか伝えることに必死になっています。ただ、聞き手はそこまで一貫性を求めているわけでもないようです。レクチャーの後の懇親会などでも「私はあのプロジェクトが好きやわ〜」「いや、俺はあれだ」というように、それぞれの方が好きなプロジェクトを見つけて頭のなかで楽しそうに反芻してくださっている。その様子を見ていて、あまり気にしなくてもいいのかなあと感じたりしています。

前置きが長過ぎました。さて、ラカトン・アンド・ヴァッサル。私にとっても尊敬の対象です。彼らの素晴らしいところはソーシャルデザイン的な視点からも語ることができるし、同時に建築論や意匠論的にも新しさがあるというような受け皿の広さです。私のように意匠に特に興味のある人間は、まずは「パレ・ド・*

パレ・ド・トーキョー
パリ十六区にある現代アートセンター。一九三七年万博時の日本館をラカトン・アンド・ヴァッサルの設計により改修、二〇〇二年開館。その後、拡張工事を経て、二〇一二年にリニューアルオープンしている。(撮影：Philippe Ruault)

トーキョー」に衝撃を受けます。な〜んにもデザインしていないのに、そして建設どころか破壊ぐらいしか行っていないはずなのに、そこに生まれている空間がなんだか居心地がよさそうなのです。廃墟を利用した建築デザインは、廃墟という存在の非日常性とか他者性をよりどころとした冷たく厳しい雰囲気の空間を志向しがちなのですが、ラカトンさんたち（と勝手に呼んでいる）はどうも違う。廃墟の意味なんてどうでもよくて、廃墟のような場所にだって人がいられる場所が生まれることを単純かつ純粋に追求しているような気がするのです。彼らの作品は改築や増築であったとしても新築であったとしても同じように明るくおおらかで心地のよさそうな空間が広がっていることにいつも驚きと憧れを感じています。

彼らの態度は言ってみれば現実主義ですね。山崎さんお気に入りの「ボワ・ル・プレートル」などその好例でしょう。ただし現実主義という言葉は一般的に否定的な意味に多く使われますし、ちょっと彼らの方向性にぴったりというわけではありませんね。彼らは現実的なことしかやらないのだけど、結果として何故か理想的な空間や状態が生まれてしまう、つまり現実／理想という対立が止揚されているところが面白いわけですから。なぜそんな魔法のようなことが起きてしまうのか。私はまだまだその謎が一〇〇%とけていないのですが、彼らは人間の空間に対する欲求や欲望が意外と身近なところにあることをつきとめているというのが私の今のところの仮説です。いろいろな空間のバリエーションがある家は便利だし楽しいとか、大きくてラフな空間は開放的で気分がいいとか、ちょっと考えると当たり前なんだけど、当たり前すぎて忘れていたようなことにまなざしを向けることができる。そして当たり前のことに立ち戻るだけなので、コストもかからないし、むしろ現実的なアプローチをとった方が有利になるわけです。かくして現実／理想という相反するかのように思われたモノゴトは幸せな融合を果たすことができると…。

しかしこうして考えていくと、どうしてそんなまなざしを獲得することができたのかということも気になってきますね。異なるバックグラウンドをもつ二人の共働だからこそ、空間や建築経験の評価基準が多様で豊かになっている可能性はありますね。そして山崎さんの指摘にもあったように「生きのびるためのデザイン」の実践を初期段階で経験したことも大きいと思います。「つくる」ことがほとんどかなわないような厳しい状況下で、それでもより良い場所や空間を獲得するにはどうしたらいいのかを真剣に考えたら、つくらなくてもかまわない、単に良い場所を発見するだけでもいいのではないかというような結論にいたったのかもしれません…。ああ、そうか。わかってきました。つまり、彼らにとってつくることは二次的な問題なんですよね。単にそれだけなのかもしれません。そして結果論かもしれませんが、つくることを後退させることで、反対につくるものの鮮度を上げることができるのを知っていることが彼らの最大の武器であり魅力なんでしょう。ううむ、やっぱりすごい人たちだ！

二〇一二年四月十八日

乾久美子

十八信

乾さま

2012 4.21

山崎@僕も新幹線です。大阪から東京へ移動しながら手紙を書いています。今日は青山ブックセンターで『つくること、つくらないこと』という本に関する鼎談を行う予定です。一緒に本をつくったランドスケープデザイナーの長谷川浩己さん*と、本のなかでインタビューさせてもらった建築家の馬場正尊さん*の三人で話をします。

今日は三人だから気が楽ですが、僕も一人でレクチャーをやる場合にはいろいろ考えます。最近は「落語みたいにレクチャーができたらいいな」と思います。だって、結局同じ話を何度もしなきゃならなくなるじゃないですか。プロジェクトは年間に二十くらいしかできないのに、レクチャーは年間百回くらいやることになる。とすれば、毎回新しいプロジェクトを紹介することは不可能なので、同じプロジェクトについて何度も語らねばならないわけです。レクチャーを聞きにきてくれた人に「ああ、また延岡の話か」と思われるのではないかと心配していたのですが、よく考えたら落語というのは昔から同じネタを話しているわけですね。それでもちゃんとお客さんが満足している。「饅頭こわい」「寝床」など、よく聞くネタだとそれこそ何十回も耳にすることになる。それでもお客さんは興味

長谷川浩巳（一九五八〜）ランドスケープアーキテクト。作品に多々良沼公園・館林美術館（二〇〇二）、丸の内オアゾ（二〇〇四）、東雲CODAN（二〇〇五）、星のや軽井沢（二〇〇五）ハルニレテラス（二〇〇九）など。

馬場正尊（一九六八〜）建築家。都市の空地を発見するサイト「東京R不動産」を運営。著書に『都市をリノベーション』（二〇一一）など。

『つくること、つくらないこと』（山崎亮・長谷川浩己編著、学芸出版社、二〇一二）

深く聞いてくれるし、笑ってくれる。僕のレクチャーも、「また延岡の話か」ではなく「よっ！　延岡!!　今日はどんな延岡になるかな！」という期待とともに聞いてもらえると嬉しいなぁ、と思います(笑)。目下、どうすれば落語のようにレクチャーできるかを研究しているところです。が、なかなかうまくはいかないものですね。いつか、同じネタでも新鮮に聞いてもらえる境地に達したいものです。うーん、ますます何屋なのかわからなくなってきた(笑)。

ラカトン・アンド・ヴァッサルの仕事についての解釈、楽しく拝読いたしました。僕の感想もまったく同じです。彼らは、問題に対する答え方として、「つくること」から「つくらないこと」まで、かなり広いレンジで考えようとしている。「建築家だからつくることを考えねばならない」という枠組みはなくて、頼まれたことの最適解を考えることから始めて、必要であればつくるけど、必要でなければつくらずに他の提案をする。この幅の広さが信頼を勝ち取っているのではないかと思います。彼らは、公園のリノベーションを頼まれて現地を調査したら、近隣住民が掃除したり活用したりして十分に愛されている公園だということを知り、掃除の回数を増やすよう提案するに留めたことがあるそうですね。こういう発想をもった建築家がいることに驚きました。

僕はもはやつくる仕事をほとんどしませんが、逆につくらない仕事しかしないと決めているわけではありません。「つくること」から「つくらないこと」までをグラデーションとして捉えたいと思っています。だから、空間をつくることでしか解決できない問題があるときは空間を設計します。あるいは、建築家にお願いして設計してもらいます。プロダクトをつくることによって解決できる課題に直面した場合にはプロダクトをデザインします。また、それを実際に製作する場所をつくったりもします。日本のスギ・ヒノキ林の問題に一つの解決策を提示しようとすれば、コミュニティデザインも必要ですがファニチュアデザインも必要になるでしょう。針葉樹というやわらかい材料を使った家具のあり方を示すことが必要だと感じたので、家具のデザインをしたり、製材所を家具工房にリノベーションするという仕事をしたりしています。今では、その製材所にstudio-Lの機能を半分くらい移して新たな事務所としているくらいです。この製材所スタジオは来月オープンする予定です。

「つくること」と「つくらないこと」を行き来しながら考えることができるようになって、一気に視界が開けたような気がしました。クライアントからの依頼に対して、なんとしても設計案件に持ち込まないと仕事にならないと考えていたときは、どうしても話が誘導的になってしまい、結局自分が何かをつくりたいから話を捻じ曲げているような気がしていたものです。ところが、「つくることでもつくらないことでも、どちらでもいいや」と思えるようになってくると、クライアントからの要望を素直に聞くことができるようになりました。同時に、つくることに対する発想がかなり柔軟になりましたね。すべてを「つくること」で解決しなくてもいいという気がしてきたのです。結果的に、つくり方が変わったように思います。

「つくること」と「つくらないこと」とのバランスを考えれば、空間のつくり方はかなり変わる。ラカトン・アンド・ヴァッサルが関わる建築空間も、あそこまで清清しく要素を減らせる背景には、ソフトの部分を担う覚悟がある人たちの関わりがあるのでしょう。それはマンションの住民であったり、美術館のキュレーターだったりするのですが、ソフトとハードのうまい組み合わせがあるからこそ、あの空間が成立するのだと思います。逆に言えば、ソフトとハードの関係性がないまま、あの空間を提示したとしても、それをいきなりうまく使いこなすことのできる人はさほど多くないだろうと思います。

延岡で乾さんが大きなガラス面を提案したとき、「ガラスの掃除はどうするんだ」という話が出てくることは想像できたはずです。ところが「ガラス拭き大会を開催して、どのコミュニティが一番早く、そして美しくガラス窓を拭き終わるかを競えばいい」という話が出てくるとは思わなかったでしょうね(笑)。ハードとソフトが同時につくられていると、こういう話がよく出てきます。自分たちに何ができるのかということと、空間をどう使いこなすかということを、利用者や管理者が一緒になって考えることになる。その意見を受けて設計者はさらなる空間の形態に挑戦することができる。空間に対するポジティブなフィードバックが生まれる。ラカトン・アンド・ヴァッサルが設計中に住民とワークショップを重ねることが多いというのも頷ける話です。

建築の設計は、住宅レベルだと完全な住民参加が行われているにも関わらず(住民=施主ですからね)、集合住宅、公共建築とスケールが大きくなるに従って住民の意見がほとんど聞かれなくなります。住民の意見を聞く代わりに、どこに設計の根拠を見出すかということで、地域性だったり哲学の概念だったり美学上の法則だったりを援用して形を決めてきたわけですね。それも悪くはないのですが、将来その場所を使う人たちと話をしながら形を決めていくことができれば、その人たちの意識を変えることもできますし、その人たちの力を借りながら大胆な空間づくりにチャレンジすることもできる。双方に少しずつ変化が生まれるような気がします。以前の手紙に登場した「男子中学生的建築家像」という話で言えば、思い切って女子と話をすることによって、女子の気持ちを聞き出すことができるだけでなく、女子の気持ちを変えることもできるはずなのです（笑）。女子が何を望んでいるのかを知って自分自身のあり方を変えつつ、自分の意思を女子に知ってもらうことによって女子の気持ちを少しずつ変化させる。住民と設計者とのやりとりというのはそういうものなのでしょう。

その意味では、まちの住民に「ワークショップをやりますから参加してくれませんか？」と呼びかける案内は「まちへのラブレター」だと言えるのかもしれません。コミュニティデザイナーや建築家がまちの人たちと接触する最初のきっかけですね。このラブレターに反応して対話の場に出てきてくれた人たちからさまざまな意見を聞くと同時に、その人たちの意識も少し変えて帰ってもらう。そんな「デート」を何度も繰り返すうちに「一緒に何かしたいな」という気持ちになってくる。愛すべきまちをつくるためには、そんなプロセスが大切なんだろうと思います。時間をかける必要がある。いきなり腕を掴んでグイっと引き寄せる、なんて荒っぽい方法で相手を口説き落とせるのは、かなり特殊なデザイナーだけでしょうね(笑)。

そんなことを考えながら、青山ブックセンターで「つくること、つくらないこと」について話をしてきます。

二〇一二年四月二十一日

山崎亮

「つくること」のなかにあるグラデーション

十九信

山崎さま

2012 5.7

この間、丸太を伐採する現場に立ち会うチャンスをいただきました。今、陸前高田に伊東豊雄さんが提唱する「みんなの家」を建てるお手伝いを藤本壮介さん、平田晃久さんと（なんと、このアクの強い人たちとコラボレーションという形で！）行っているのですが、その家の構造を担う柱に津波で浸かって立ち枯れてしまった地元の木を使おうという運びになったからです。陸前高田市と私たち建築家チームをつないでくださったのは、陸前高田出身の写真家畠山直哉さんです。

丸太の伐採は迫力満点。まず、倒す側にチェーンソーでV字型の切れ込みを入れ、次に反対からチェーンソーでちょっとしたカットを入れたところにくさびを打ち込み、自重で倒れるまでくさびを打ち続けるのですが、自立していた木がその均衡を失う瞬間に息をのんでしまいます。さっきまで生きて（正確に言うと立ち枯れていたのですが）風景の一部を構成していたものが、次の瞬間には丸太という材料へと変化しているわけですから。そこには殺生のもつ荘厳さのようなも

みんなの家プロジェクト

のがありました。

しかしそんなことに感じ入っているのもつかの間、目の前では熊五郎さんと呼ばれている職人さんが半端ないスピードでつぎつぎと木をなぎ倒していき、さらにその熊五郎さん、手が止まったかと思うと今度は口が動き出して駄洒落を連発する。そんなラテン系の明るさを発散させている方だったので、「殺生ウンヌン」なんてナイーブなことを言ってられない雰囲気。その状況に呆然としてしまいました。しかし途中で、木の伐採が建設の始まりという喜ばしい行事の一部をなしていることに気づくことで、職人さんの明るさの意味を理解しました。

そう、建設というのはある種のお祭りなのかもしれません。何もなかった場所に何かを生み出していく、そのためには労苦だけではなく、さまざまな祝福を必要とするような行事であるわけです。しかも場所は甚大な被害を被った陸前高田。そこに工業化された軽量鉄骨の応急仮設ではなく、現地の木々を使って何かを建てる。それに対する職人さんの期待は普段以上のものであったことは想像に難くありません。建設が本来もっている祝祭性とそれを祝福する文化の存在にもっと敏感になる必要があるのかと反省しました。

現地では熊五郎さんの明るさに驚くことなど序の口で、訪れるたびに事件が起きます。まず地域のリーダーのような存在であるなんだかすごいキャラクターをもつ菅原みき子さんという女性に出会ったことを始まりとして、彼女が仮設住宅に住まう仲間とやっている内職の作業を行う場所や、地域の中学校の仲間たちが集える場所をつくりたいと願っていたことと私たちが提案しようとしていた「みんなの家」の機能が完全に一致していたことにも驚きました。また、その菅原さんが「みんなの家」にふさわしい場所として新しく見つけてくださった場所が陸前高田のあらゆる場所から眺めることができるような要所にあり、確かに地政学的なセンスにあふれていたことに再び驚き、塩害で立ち枯れた木々があることを聞きつけてつくった提案模型が地域の「けんか七夕」という祭りのやぐらに似ていると畠山さんに指摘されて盛り上がってみたりと、思いも寄らないものごととの出会いが待っているわけです。あまりにも毎回いろいろなことが起こるため、運命論を語り始める輩も出るほど(笑)。

被災地は多くのものが失われているためでしょうか、そこで見聞きするものごとがかけがえのないものであるように感じます。だから普段であれば「シナリオプランニング」のように周到な進め方で全体をコントロールしようなんてことを考えるような場面であっても、「いやいや、自分がやりたいと思っていることなんてどうでもいいや」という気持ちになるわけです。その代わりに出会う事件や与件をできるかぎり受け止めて「みんなの家」の一部となるように設計を進める努力をしているところです。デザインをしたことのある人であればその難しさはよくわかってくださると思います。こうした方法は一歩間違えると妥協の産物になりかねないのですから。そこを我われ三人はなんとかもちこたえようとしていて、いろいろなものがバラバラなまま寄せ集まっているのだけど「なんとなくまとまった感じ」になるようなバランスを見出そうとしているところです。「どうやって？」という問いに答えるのは難しいものがありますが、「かたちの力を利用して」としか回答できません。先に「こういう意味でまとめたい」という気持ちでかたちをひねり出しているというよりは、できつつある形の意味に「帰納的」な意味を見出す努力をしているところです。

「帰納的に」と今書きましたが、通常のプロジェクトではなかなかそうはいきません。通常の建築プロジェクトでは仮説を推進力として欲していますよね。「こういう風にプランニングするとこういう素晴らしいことになる」といった仮説のもっともらしさによって、未来の効果に対して契約を結ぶことができるわけですから。「どういう建築になるかわからないけど、つくっていいですか？」なんて契約書にサインを書いてくれるような奇特な人などいませんもんね。でもいったん「契約」というものから設計が解放されるとどうなるのか、それを陸前高田で試したいというのが本計画を企画した伊東さんの思いのようです。

この「みんなの家」は前述の菅原さんなどと話し合いながら設計を進め、伊東さんや畠山さんが集めてくださった寄付金によって建設し、寄進する予定です。つまり一般的な施主×設計士、施主×工務店といった契約関係がなく、言ってみれば交換経済ではなく贈与経済のようなものを前提としている。そう、中沢新一さんや内田樹さんが最近よく描いておられる世界で、知らないわけではなかったのですが、それこそ交換経済の厳しさのなかで身をすり減らしながら実務に従事することが当たり前になってしまっているのか、自分が関わっている「みんなの家」がその「贈与」を体現するものであることになかなかリアリティをもつことができませんでした。

伊東さんはプロジェクトの最初からそのことをかなり強調されていて、私たち若手三人をたしなめることがしばしばありましたが、最近ではようやく若手サイドもそのリアリティを感じつつあるように思います。契約が前提となることでコンセプトやらアイデアを提案せねばならぬという思い込みから解放されつつあるからです。最近、藤本さんはその心境に至ったらしく「俺はついに解脱した！」と騒いでおられました(笑)。こんな書き方をすると精神論だと誤解されるので気をつけねばなりませんが、なかなかこの境地（ホラ、やっぱりこんな言葉を使うことになってしまう）を説明する言葉が見つかりません。

「みんなの家」はどういう状態を「できあがり」とするのかはまだ未定です。未完成な部分を残した状態で使い始めるのかもしれませんし、使い始めた後も私たちが関わり続けて一緒につくるのかもしれません。実を言うと、菅原さんら使用者が引渡後にどんどん改変し、どんどんカスタマイズすることをすでに期待すらしていたりします。設計者として無責任かもしれませんね。でも、そんないい加減な態度が許されるのも「みんなの家」が贈与されることが前提だからかもしれません。建築のプロが責任をもって設計や施工を行うものから、プロも素人も隔たりなく口や手を出して皆でつくりあげていくものへと変えていくことができるのではないか、それが今回試されようとしているのかと思います。もちろんこうした設定は、高度化し続ける建築技術の現実とはかけ離れた設定で、ある種の幻想あるいは夢想でしかないというような批判も出てくるとは思いますが、被災地ではこのような飛躍にリアリティを感じるのも確かなのです。また、このような荒療治とも言える方法で建築を問い直すことは、現代において他分野でも問われている専門領域の再統合、再構造化とも少なからず関係があることなのかと思ったりします。

まあ、そんな小難しいことはおいておいても、現地で出会った事件を寄せ集めて建築にどんどん定着させていき、意味は事後的にくっついていくというプロセスは面白いですよね。本当に祭りのようです。祭りは山から木を落としてみたり、格好いいのか格好悪いのかの判断もつかないような踊りを踊ってみたりと、歴史を振り返ってみても正確な意味が判明していないものが多くあります。そんな意味が不明な行為の集合でしかないのに「なんとなくのまとまり」があり、高揚感があり、そして事後的にあるいは帰納的にその意味が紡ぎ出されている場合が多い。そんな祭りに似た「つくり方」が可能なのであれば、山崎さんのおっしゃられる「つくる／つくらない、その間に存在するグラデーション」だけでなく、「つくる」ことのなかにもグラデーションが存在すると考えた方が良さそうなのかと思ったりするわけです。つまり帰納と演繹、あるいはボトムアップとトップダウンというような異なるベクトルをもつ「つくりかた」を行き来しながら、時にそのどちらでもない思考の飛躍も取り込みながら、「つくること」の最適解を見出していくのがいいのかなあと。こんな感じが最近の「つくる」側のリアリティなのでしょうか。

二〇一二年五月七日
乾久美子

十九信

乾さま

2012 5.17

山崎@伊賀です。三重県伊賀市島ヶ原地区に最近完成した「studio-L IGA」にて、スタジオメンバーが全員集合して行う三日間の研修が先ほど終わったところです。

いつの間にかスタジオの構成員も増え、大阪事務所だけでなく、茂木事務所、東京事務所ができ、さらに最近、伊賀事務所が完成したところです。「スタジオメンバーは十人まで」と決めていたスタッフの数も、「各事務所に十人まで」ということに変更してしまい、早くも意志の弱さを露呈してしまいました。できればスタッフの数は増やしたくないのですが、関わりたい仕事が全国にある以上、やはりスタッフの数を増やしてでもお手伝いしたいと思ってしまうわけです。

ただ、スタッフが増えたからといって仕事の質が下がるのでは本末転倒ですので、この三日間は四つの事務所のスタッフをすべて集めて三日間連続の研修を行った次第です。

伊賀事務所というのは、以前から関わっている穂積製材所という製材所のなかにあります。製材所の敷地内にある古い納屋のなかに、新しい箱を入れるような

studio-L 伊賀事務所

形でつくった事務所です。古くて倒れそうな納屋を支える四角い箱が新しい事務所。いわば、古い納屋を補強するための構造体のなかで仕事をしているというわけです。

製材所ですから、丸太から建材を切り出すプロセスがすべて体験できます。乾さんが見た製材の現場を僕たちも毎日体験しています。新しい事務所を建てる木材は、当然この製材所から生まれたものです。製材所のオーナーが山をもっていて、そこから切り出してきた杉材や檜材を製材して事務所をつくりました。内装は、製材のプロセスでたくさん発生する端材を使って仕上げました。約三千枚の端材を壁面に貼り付けたので、木材による縞模様で囲まれたインテリアとなりました。大きなL字型のテーブルも、天板は端材を貼り付けて磨いたものです。端材が山積みになる製材所ならではの「つくり方」になりました。杉や檜の香りに包まれた気持ちのいい事務所です。

製材所に事務所をつくろうと決意したのは二〇一一年三月十一日です。東日本大震災のときに東京の都心部が帰宅難民などを大量に発生させて大混乱に陥っているのを見て、有事の際は大阪の梅田にある studio-L の事務所も同じことになるはずだと思いました。そこで、以前からプロジェクトを進めていた伊賀市の穂積製材所に連絡し、敷地内にプロジェクトの推進力となるべく事務所をつくることを決意したと伝えました。製材所のオーナーもそのことを喜んでくれたので、そこから一気に設計を進めました。

事務所の基本的な設計は僕がやりましたが、実際に施工する間に多くの点が変更されました。使おうと思っていた材よりも安くてたくさん手に入る材が見つかったり、その寸法が当初予定していた材の寸法より小さかったことによって割り付けが変わったり、現場の判断でどんどん設計が変わっていったのが特徴的でした。施工は大工さんが一人だけプロとして入り、あとはスタジオのスタッフと学生チームが担当しました。いわば素人集団によって建てた事務所です。

したがって、設計も素人が施工できるようなものにしておく必要がありました。事務所をつくる作業の前に、事務所をつくるためのコミュニティをつくったわけです。空間をつくるのに先立って、つくり手のコミュニティをつくっておくこと。最近、僕たちが「つくる仕事」を進める場合によく取る方法です。

同様の方法は、以前から付き合いのある島根県海士町の旅館を改修するプロジエクトにも応用しています。海士町の総合振興計画を住民の方々と一緒に策定したことがあるのですが、そのときの参加者の弟が経営している旅館の改修設計を依頼されました。

もちろん、これまでどおり僕が設計してもいいのですが、旅館の改修設計でどれくらい設計料をもらうべきかは悩ましいところです。できれば設計料を極力少なくして、実際にかかる材料費に多くの予算を割きたいものです。また、同じ島で他にもいくつか設計の相談を受けていることもあって、それぞれに対して一つずつ設計作業を進めると、それだけで設計料がたくさん発生してしまいます。もちろん、設計料がたくさん取れればそれでいいようにも思いますが、限られた予算の一部を設計料として毎回受け取るというのは、島の経済の実情からすると少し気が引けるものです。

そこで、僕たちは自分たちが空間をデザインするのではなく、島の工務店というコミュニティをデザインすることにしました。幸い、島にいくつかある工務店のうちの一つに、若い二代目が引き継いだばかりの会社がありました。この若手社長と工務店のスタッフを対象に、内装のデザインについて研修会を何度も行うことにしました。僕たちがよく使う材料の特徴や壁の塗り分け方、照明の選び方や設置方法などを工務店の人たちにすべて伝え、あとは現場で「ここはあのやり方でお願いします」など指示するだけでリノベーションを完成させたいと思っています。いわば、図面を描かずに箇条書きのメモだけでリノベーションを進めたいのです。

そうすれば、この工務店は自分たちの意思で改修作業を進められるようになります。他に依頼されている改修設計もこの工務店と進めることによって、図面を描かずに現場を進めることができるわけです。そうすると、それぞれの案件から設計料をもらわなくて済むので、こちらとしても気が楽です。いくつかの案件から「工務店のコミュニティデザイン」にかかる費用だけを頂けば、あとはどんな依頼が来てもその工務店と組んで現場で指示しながら工事を進めることができる。つまり設計料は格安に抑えることができる。これは精神衛生上きわめてよろしい(笑)。

こうした仕事の進め方は、工務店との信頼関係がなければ進められないでしょう。逆に言えば、信頼関係さえ構築できれば、いちいち図面化することによってこちらの人件費を使わずに改修工事を完了させることができるわけです。構造に関わるような改修であれば話は別ですが、内装をやり替えるといった小規模な改修であればこういうやり方で進めたいなぁ、と思っています。

こうした設計の進め方は、近代以降の建築教育を受けた人たちにとっては許しがたいことかもしれませんね。設計者が責任をもって図面を描くこと。細部に神が宿るのだから、ディテールに至るまで詳細に図面化すること。そうした膨大な作業に対する費用はしっかりと施主に請求すること。そうでなければ「建築作品」は生まれないのだ。そんなお叱りの声が聞こえてきそうです。

コミュニティデザインの仕事をするようになって、「みんなでつくる」「つくるためのコミュニティをつくる」という方法が身近なものになりました。設計事務所に勤めている時代には考えもしなかった設計の方法です。もし、つくることだけが僕たちの仕事であれば、小規模な改修でも構造に関わる改修を勧めて、専門家が関わらねばならないという状況をつくりだしたかもしれません。そうでなければ設計料が手に入りませんからね。

ただ、つくらない仕事をやるようになってから、つくる仕事に対して素直に向き合えるようになった気がしています。必要であればつくるし、そうでなければつくらない。最適だと思う方を選択すれば良い、というのは気分が楽になるものです。

その意味では、乾さんのおっしゃる「つくることのなかのグラデーション」を僕たちも実感しているところです。僕たちのつくり方は、きっと現代建築に携わる人たちのつくり方とまた違ったものなのでしょうね。コミュニティデザインという仕事を始めてみて、「つくること」はまだまだ工夫できるということに気づきました。「つくること」を通じてコミュニティをつくることもできるし、できあがったコミュニティがまたつくり始めることもある。

今回のやりとりでは、概ね乾さんが僕にコミュニティデザインの話を問いかけてくれていました。僕はそれに答える形で、「つくらないデザイン」というわかりにくい仕事を説明していたように思います。もし、次に文通できるとすれば、今度は僕が乾さんに「つくること」のなかにある微妙なグラデーションについていろいろ質問してみたいものです。乾さんから「つくること」のグラデーションを教えてもらうことで、僕たちのつくり方がどのあたりに位置するのかが明確になるような気もしますしね。

乾さんが先の手紙に書いてくれた、最近の「つくる側」のリアリティには大変興味があります。いつか往復書簡の続編ができれば、今度は「つくる側」の話を精緻化してみたいものですね。
ではでは！

二〇一二年五月十七日
山崎亮

追伸

穂積製材所を見に行ってきました。製材所というのは面白いですね。木工の工作機械のたいていのものは見たことや触れたことがありますが、多くは製材した木材を二次加工するためのもの。丸太の製材機を目の当たりにしたのは初めてで、シンプルかつ豪快な仕組みに感激しました。あんなに迫力のある機械が日常的に使えて、しかもそれが駅前にあるなんて大変な贅沢。おかみさんの会の穂積さんも話していて本当に楽しい方でした。山崎さんが惚れ込んで分室までつくってしまったことに納得しましたよ。山間部の建築現場では、日中は現場で喧嘩＋夜はひたすら図面書き＝まったく環境を楽しめない（笑）ということになりがちなのですが、そうじゃない付き合いかたもあるんですね。

乾久美子

とりあえず一区切り——あとがきにかえて

「往復書簡」という形式は興味深いものだ。じっくり考えながら対話を進めるという意味で「対談」とは違った趣がある。「対談」と「往復書簡」。たまたま同じ時期に建築家との対話が二冊の書籍にまとまった。一冊は藤村龍至さんとの「対談」をまとめた『コミュニケーションのアーキテクチャを設計する』(彰国社)であり、もう一冊が乾久美子さんとの「往復書簡」をまとめた本書である。

「対談」は、相手がしゃべったことを聞き、こちらが思うところを述べ、それについてまた相手が何かをしゃべる。これが細かく入れ替わりながら対話が続く。即興的なやりとりだからこそ面白い方向に話が展開することがあるものの、反射的に出てくる話題は別の場所で話をしたことと似た内容になることが多い。一方、「往復書簡」はまとまった話題が相手から提供され、それをじっくり読み込んでからまとまった返事を書く。こちらのまとまった返事のなかから相手が興味を持つ話題を選び取り、また一定量の返事が届く。本書の場合、それが二日後に届くこともあれば二ヶ月後に届くこともあった。平均すると二週間ごとにやりとりしたことになるだろうか。いずれにしても、対談に比べるとのんびりとしたやりとりである。だからこそ、じっくり話題を選び、考え、返信することができる。相手の話題に合わせて返答を考えるので、問いかけによっては自分ひとりでは到底生み出せなかったような話を書き綴ることができる。最近は、油断するとどこで話をしても「どこかで話したこと」を繰り返してしまいがちなのだが、本書には驚くほど他で語らない話題が登場している。これは往復書簡という形式がなす業だと言えよう。

独自の話題が生まれたもう一つの理由は、ほかでもない乾さんの存在だろう。振り返れば、乾さんこそが本書における名ファシリテーターであった。他で語ったことのないような話題が飛び出したのは、乾さんの問いかけ方が毎回絶妙だったからである。本書を一読いただければ分かるとおり、結局のところ私は乾さんが提示してくれた適切な話題にその都度なんとか応対してきただけなのである。

いつかまた、往復書簡ができたらいいなと思う。次回は私がファシリテーター役を果たさねばなるまい。今回は「参加のデザイン」について乾さんが問い、私が応じるという往復書簡だった。次回は「建築のデザイン」について私が問い、乾さんがそれに応じるという往復書簡にしたい。また、本書で語ろうと思って語り切れなかったこともある。「○○については後ほど」と書いておきながら、結局語らなかったトピックも多い。それらもまた、次回の往復書簡にて語りたい。

とはいえ、続編を読みたいというニーズがなければ、乾さんと個人的にメールでやりとりするにとどめるべきだろう。コミュニティデザイナーたるもの、読者の意見を聞きながら続編を構想すべきである。本書読了後、続きを読んでみたいと思う方がいれば、ツイッター、フェイスブック、ブログなどで「続編が読みたい！」「こんなテーマで話し合って欲しい！」とつぶやいていただきたい。

その数が多ければ出版社も続編の刊行に踏み切るはずだ。続編のテーマもその中から見つけたい。
だから、この「あとがき」で本書のまとめを書くつもりはない。感動的な言葉で締めくくるつもりもない。ページ数に限りがあるからいったんこのあたりで区切りをつけるものの、乾さんとのやりとりはこの先も続く。延岡でプロジェクトをご一緒させてもらっている以上、まだまだ語り合いたいことがたくさんある。いつの日か、そのやりとりの一部をまたみなさんと共有できることを願っている。

乾さんとの出会いをつくってくれた延岡駅周辺整備プロジェクトの関係各位と、往復書簡という楽しいやりとりを提案してくれた学芸出版社の井口夏実さんに感謝したい。そして、さまざまな話題で「参加のデザイン」に関する重要なキーワードを引き出してくれた乾久美子さんに謝意を表したい。

今回はこのあたりで一区切りつけることにしよう。今日はこれから福山市でワークショップ。明日は大分市に移動して住民のヒアリングである。

二〇一二年七月二十三日

山崎亮

延岡市にて・・・
ヘエ～山崎さん、昔モデルだったんですか‥
スゴイッすよネ
結構 納得しません？
しんぶん
山
羽
とある会議・・・・
そういえば・・・
どよーん
しーん
山崎
えらいつかれてるなー
目がいってますが・・・・
怖いんですけどその顔・・・・
山崎さん どうですか
ヘ～イ♡
おおっマイクをもったとたん バツグンの笑顔が!!
し、しろうとじゃねえ！
いぬいくみこ

著者紹介

乾久美子（いぬい くみこ）

1969年大阪府生まれ。建築家。

1992年東京藝術大学美術学部建築科卒業。1996年イエール大学大学院建築学部修了。1996～2000年青木淳建築計画事務所勤務。2000年乾久美子建築設計事務所設立。2011年より東京藝術大学美術学部建築科准教授、延岡駅周辺整備デザイン監修者。設計作品に《アパートメント I》《フラワーショップ H》《KYOAI COMMONS》ほか。著書に『そっと建築をおいてみると』（INAX出版）、『浅草のうち』（平凡社）など。

山崎亮（やまざき りょう）

1973年愛知県生まれ。コミュニティデザイナー、studio-L代表、京都造形芸術大学教授。

地域の課題を地域に住む人たちが解決するためのコミュニティデザインに携わる。まちづくりのワークショップ、住民参加型の総合計画づくり、建築やランドスケープのデザインなどに関するプロジェクトが多い。「海士町総合振興計画」「マルヤガーデンズ」「震災 +design」でグッドデザイン賞、「こどものシアワセをカタチにする」でキッズデザイン賞、「ホヅプロ工房」でSDレビュー、「いえしまプロジェクト」でオーライ！ ニッポン大賞審査委員会長賞を受賞。著書に『コミュニティデザイン』（学芸出版社）、『ソーシャルデザイン・アトラス』（鹿島出版会）、共著書に『藻谷浩介さん、経済成長がなければ僕たちは幸せになれないのでしょうか？』『つくること、つくらないこと』『テキスト ランドスケープデザインの歴史』（学芸出版社）、『コミュニティデザインの仕事』（ブックエンド）、『まちの幸福論』（NHK出版）、『幸せに向かうデザイン』（日経BP社）、『コミュニケーションのアーキテクチャを設計する』（彰国社）など。

まちへのラブレター
参加のデザインをめぐる往復書簡

2012年 9月15日　第1版第1刷発行
2012年10月30日　第1版第2刷発行

著者　乾久美子・山崎亮
発行者　京極迪宏
発行所　株式会社 学芸出版社
京都市下京区木津屋橋通西洞院東入
電話 075－343－0811　〒600－8216
装丁　藤脇慎吾
挿画　乾久美子
編集協力　延岡市・山崎泰寛
印刷　イチダ写真製版
製本　山崎紙工

© Kumiko Inui, Ryo Yamazaki 2012
ISBN 978－4－7615－2538－5　Printed in Japan

JCOPY 〈㈳出版者著作権管理機構委託出版物〉
本書の無断複写（電子化を含む）は著作権法上での例外を除き禁じられています。複写される場合は、そのつど事前に㈳出版者著作権管理機構（電話 03-3513-6969、FAX 03-3513-6979、e-mail: info@jcopy.or.jp）の許諾を得てください。本書を代行業者等の第三者に依頼してスキャンやデジタル化することはたとえ個人や家庭内での利用でも著作権法違反です。

コミュニティデザイン　人がつながるしくみをつくる
山崎亮 著
四六判・256 頁・1800 円＋税
当初は公園など公共空間のデザインに関わっていた著者が、新しくモノを作るよりも「使われ方」を考えることの大切さに気づき、使う人達のつながり＝コミュニティのデザインを切り拓き始めた。公園で、デパートで、離島地域で、全国を駆け巡り社会の課題を解決する、しくみづくりの達人が、その仕事の全貌を初めて書き下ろす。

つくること、つくらないこと　町を面白くする 11 人の会話
山崎亮・長谷川浩己 編著
四六判・168 頁・1800 円＋税
つくる人（ランドスケープアーキテクト）とつくらない人（コミュニティデザイナー）が、プロダクトから建築・都市デザイン、社会学まで多分野のゲストを迎えてデザインを率直に語った。皆が共通して求めているのは「楽しめる状況」をつくること。そのためにデザインに出来ることはたくさんあると、気づかせてくれる鼎談集。

テキスト ランドスケープデザインの歴史
武田史朗・山崎亮・長濱伸貴 編著
B5 変判・208 頁・3200 円＋税
日本語で書かれた初のランドスケープデザイン近代史教科書。19 世紀に初めてランドスケープアーキテクトを名乗ったオルムステッドの仕事から 2000 年代の世界の動向まで、アメリカ及びヨーロッパ他諸外国の歴史と最新作を通史として語り、日本の状況にも触れる。都市・建築・土木を繋いできた職能の誕生と発展、現在を知る一冊。

藻谷浩介さん、経済成長がなければ僕たちは幸せになれないのでしょうか？
藻谷浩介・山崎亮 著
四六判・200 頁・1400 円＋税
私たちが充実した暮らしを送るには“右肩上がりの経済成長率”という物差しが本当に必要なのだろうか。むしろ個人の幸せを実感できる社会へと舵を切れないか？　日本全国の実状を知る地域エコノミスト藻谷浩介（『デフレの正体』）とコミュニティデザイナー山崎亮（『コミュニティデザイン』）の歯に衣着せぬ対談からヒントを得る!

カフェという場のつくり方　自分らしい起業のススメ
山納洋 著
四六判・184 頁・1600 円＋税
人と人が出会う場を実現できる、自分らしい生き方の選択肢として人気の「カフェ経営」。しかし、そこには憧れだけでは続かない厳しい現実が…。「それでもカフェがやりたい!」アナタに、人がつながる場づくりの達人が、自らの経験も交えて熱くクールに徹底指南。これからのカフェのカタチがわかる、異色の「起業のススメ」。

ワークショップ　住民主体のまちづくりへの方法論
木下勇 著
A5 判・240 頁・2400 円＋税
ワークショップが日本に普及して四半世紀。だが、まちづくりの現場では、合意形成の方法と誤解され、住民参加の免罪符として悪用されるなど混乱や批判を招いている。世田谷など各地で名ファシリテーターとして活躍する著者が、個人や集団の創造力を引き出すワークショップの本質を理解し、正しく使う為の考え方、方法を説く。